新时代美丽浙江建设总体战略研究

王夏晖　虞选凌　刘桂环　林泉军　著

中国环境出版集团・北京

图书在版编目（CIP）数据

新时代美丽浙江建设总体战略研究/王夏晖等著. —北京：中国环境出版集团，2021.11
（当代生态环境规划丛书）
ISBN 978-7-5111-4927-5

Ⅰ. ①新… Ⅱ. ①王… Ⅲ. ①生态环境建设—研究—浙江 Ⅳ. ①X321.255

中国版本图书馆 CIP 数据核字（2021）第 206141 号

出 版 人 武德凯
责任编辑 葛　莉
文字编辑 史雯雅
责任校对 任　丽
封面设计 金　山

出版发行 中国环境出版集团
（100062　北京市东城区广渠门内大街 16 号）
网　　址：http://www.cesp.com.cn
电子邮箱：bjgl@cesp.com.cn
联系电话：010-67112765（编辑管理部）
发行热线：010-67125803，010-67113405（传真）
印　　刷 北京中科印刷有限公司
经　　销 各地新华书店
版　　次 2021 年 11 月第 1 版
印　　次 2021 年 11 月第 1 次印刷
开　　本 787×1092　1/16
印　　张 11.5
字　　数 225 千字
定　　价 80.00 元

当代生态环境规划丛书

《新时代美丽浙江建设总体战略研究》

编委会

总　序

保护生态环境，规划引领先行。生态环境规划是我国美丽中国建设和生态环境保护的一项基础性制度，具有很强的统领性和战略性作用。我国的生态环境规划与生态环境保护工作同时起步、同步发展、同域引领。1973 年 8 月，国务院召开了第一次全国环境保护会议，审议通过了《关于保护和改善环境的若干规定（试行草案）》，确定了我国生态环境保护的基本方针，即“全面规划、合理布局、综合利用、化害为利、依靠群众、大家动手、保护环境、造福人民”的“32 字方针”，“全面规划”就是“32 字方针”之首。

自 1975 年国务院环境保护领导小组颁布我国第一个国家环境保护规划《关于制定环境保护十年规划和“五五”（1976—1980 年）计划》以来，我国已编制并实施了 9 个五年的国家环境保护规划，目前正在编制第 10 个五年规划，规划名称经历了从环境保护计划到环境保护规划，再到生态环境保护规划的演变；印发层级从内部计划到部门印发，再升格为国务院批复和国务院印发，已经形成了一套具有中国特色的生态环境规划体系，对我国的生态环境保护发挥了重要作用。

党的十八大以来，生态文明建设被纳入“五位一体”总体布局，污染防治攻坚战成为全面建成小康社会的三大攻坚战之一，全国生态环境保护大会确立了系统完整的习近平生态文明思想，生态环境保护改革深入推进，生态环境规划也取得长足发展。这期间，生态环境规划地位得到提升，规划体系不断完善，规划基础与技术方法得到加强，规划执行效力显著提高，环境规划学科蓬勃发展，全国各地探索编制了一批优秀规划成果，对加强生态环境保护、打好污染防治攻坚战、提高生态文明水平发挥了重要作用。

党的十九大绘制了新时期中国特色社会主义现代化建设战略路线图，确立了建设美丽中国的战略目标和共建清洁美丽世界的美好愿景，是新时代生态环境保护的战略遵循。生态环境规划，要坚持以习近平生态文明思想为指导，以改善生态环境质量为核心，系统谋划生态环境保护的布局图、路线图、施工图，在美丽中国建设的宏伟征程中，进一步发挥基础性、统领性、先导性作用。

生态环境部环境规划院成立于2001年，是一个专注并引领生态环境规划与政策研究的国际型生态环境智库，主要从事国家生态文明、绿色发展、美丽中国等发展战略研究，开展生态环境规划理论方法研究和政策模拟预测分析，承担国家中长期生态环境战略规划、流域区域和城市环境保护规划、生态环境功能区划以及各环境要素和主要环保工作领域规划研究编制与实施评估，开展建设美丽中国和生态文明制度理论研究与实践探索。为了提高生态环境规划影响，促进生态环境规划行业研究和实践，生态环境部环境规划院于2020年启动“当代生态环境规划丛书”编制工作，总结全国近20年来在生态环境规划领域的研究与实践成果，与国内外同行交流分享生态环境规划的思考与经验，努力讲好生态环境保护“中国故事”。

“当代生态环境规划丛书”选题涵盖了战略研究、区域与城市、主要环境要素和领域的规划研究与实践，主要有4类选题。第一类是综合性、战略性规划（研究），包括美丽中国建设、生态文明建设、绿色发展和碳达峰、碳中和等规划；第二类是区域与城市规划，包括国家重大发展区域生态环境规划、城市环境总体规划、生态环境功能区划以及“三线一单”等；第三类是主要环境要素规划，包括水、气、生态、土壤、农村、海洋、森林、草地、湿地、保护地等生态环境规划等；第四类是主要领域规划，包括生态环境政策、风险、投资、工程规划等。

“当代生态环境规划丛书”注重在理论技术研究与实践应用两方面拓展深度和广度，注重与我国当前和未来生态环境工作实际情况相结合，侧重筛选一批具有创新性、引领性和示范性的典型成果，希望给读者一个全景式的分享。希望“当代生态环境规划丛书”的出版，可以提升社会对生态环境规划与政策编制研究的认识，为有关机构编制实施生态环境规划、制定生态环境政策提供参考。

展望2035年，美丽中国目标基本实现，生态环境规划将以突出中国在生态环境治理领域的国际视野和全球环境治理的大国担当、系统谋划生态环境保护顶层战略和实施体系为目标，统筹规划思想、理论、技术、实践、制度的全面突破，统筹规划编制、实施、评估、考核、督查的全链条管理，建立国家—省—市县三级规划管理制度体系。

2021年是生态环境部环境规划院建院20周年。值此建院20周年“当代生态环境规划丛书”出版之际，祝愿生态环境部环境规划院砥砺前行，不忘初心，勇担使命，在美丽中国建设的伟大征程中，继续绘好美丽中国建设的布局图、路线图、施工图。

中国工程院院士

生态环境部环境规划院院长

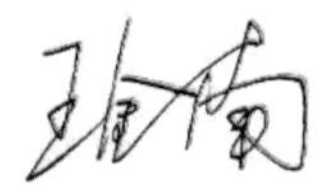

2020年1月

前　言

当前，我国正处于“两个一百年”奋斗目标的历史交汇期和全面开启社会主义现代化强国建设新征程的重要机遇期，生态文明建设进入“快车道”。党的十九大报告指出，到 2035 年，生态环境根本好转，美丽中国目标基本实现。2018 年，习近平总书记在全国生态环境保护大会上明确提出，要通过加快构建生态文明体系，确保到 2035 年，生态环境质量实现根本好转，美丽中国目标基本实现；到本世纪中叶，建成美丽中国。《中共中央关于制定国民经济和社会发展第十四个五年规划和二〇三五年远景目标的建议》明确提出 2035 年“美丽中国建设目标基本实现”的社会主义现代化远景目标和“十四五”时期“生态文明建设实现新进步”的新目标、新任务，为新时代加强生态文明建设提供了方向指引和根本遵循。在我国生态文明迈入新的征程之际，研究美丽中国省域样板建设是落实党中央最新决策部署的重大举措和具体行动。浙江是“绿水青山就是金山银山”理念的发源地和率先实践地，是习近平生态文明思想的重要萌发地，以浙江为案例区开展美丽建设总体战略研究，对探索美丽中国省域建设路径、向世界展示生态文明建设成果具有重要意义。

浙江地处中国东南沿海长江三角洲南翼，东临东海，南接福建，西与江西、安徽相连，北与上海、江苏接壤。全省有 22 个国家级风景名胜区、4 个国家级旅游度假区、10 个国家级自然保护区、30 个国家园林城市、11 个国家级湿地公园、39 个国家森林公园、5 个国家级城市湿地公园。全省有杭州、宁波、绍兴、衢州、金华、临海、嘉兴、湖州、温州 9 座国家历史文化名城，20 个中国历史文化名镇，28 个中国历史文化名村，名镇、名村总数全国第一。

21 世纪初，作为经济先发地区，较之于全国浙江更早、更深、更集中、更尖锐地遇到经济快速发展与资源环境“瓶颈”制约加剧的矛盾。面对资源环境承载压力加大的现实困境，2003 年，时任浙江省委书记习近平同志亲自谋划、亲自部署、亲自推动，擘画了生态省建设的战略蓝图。在推进生态省建设过程中，习近平总书记提出“生态兴则文明兴”“绿水青山就是金山银山”重要理念，并先行将“人与自然和谐共生”“良好生态环境是最普惠的民生福祉”“山水林田湖草是生命共同体”“用最严格制度最严密法治保护生态环境”等重大科学论断与具体实践相结合。

浙江生态省建设战略实施以来，历届省委、省政府以“八八战略”为统领，坚持一张蓝图绘到底、一任接着一任干，一以贯之把生态文明建设放在突出位置，率先探索出了一条经济转型升级、资源高效利用、环境持续改善、城乡均衡和谐的绿色高质量发展之路。2018 年以来，浙江新一届省委、省政府秉持“干在实处、走在前列、勇立潮头”的浙江精神，全面实施富民强省十大行动计划，扎实推进社会主义现代化建设。2019 年 6 月，浙江生态省建设试点通过生态环境部验收，建成全国首个生态省。浙江生态省建设战略实施以来，始终坚持践行“绿水青山就是金山银山”理念，坚持以人民为中心，着力强化优质生态产品供给，加快推进城乡均衡发展，构建党委领导、政府主导、全民参与的生态省建设工作大格局。在地区生产总值快速增长的同时，生态环境质量持续改善，资源能源消耗大幅降低，生态文明制度创新领跑全国，绿色发展处于领先水平。

2020 年习近平总书记到浙江考察调研时赋予浙江“努力成为新时代全面展示中国特色社会主义制度优越性的重要窗口”的新目标、新定位，强调“生态文明建设要先行示范”。全面建成美丽中国先行示范区，建设展示人与自然和谐共生、生态文明高度发达的重要窗口，是这一全新目标定位的内在要求。本书遵循习近平总书记在浙江考察时提出的新嘱托，紧抓全面深化改革的重要契机，充分考虑浙江在长三角一体化、“一带一路”建设等大区域格局中的定位和作用，把握新时代面临的国际国内经济社会发展和生态环境保护的机遇与挑战，查找美丽浙江建设中人与自然、发展与保护、现代化与绿色化协同共生路径上存在的不足与短板，以满足人民群众日益增长的优美生态环境需要为出发点，围绕国土空间、现代经济、生态环境、幸福城乡、生态文化、治理体系等方面深入开展生态文明示范建设，以实现经济发展、生态环境保护和社会进步的统一。

本书是“当代生态环境规划丛书”分册，展示了生态环境部环境规划院围绕美丽浙江建设开展综合性、战略性规划研究取得的相关成果，以期为推动美丽中国建设和生态文明建设提供参考。

目 录

第1章 美丽浙江总体框架研究[①]

开展美丽浙江建设研究是全面落实习近平生态文明思想的优先行动，是推动经济高质量发展的助力行动。本章主要目的是在梳理美丽浙江建设现状的基础上，给出美丽浙江建设的目标要求和实施路径。

1.1 美丽浙江建设的 SWOT 分析

1.1.1 美丽浙江建设存在的优势

2003 年以来，历届浙江省委、省政府以“八八战略”为统领，从“绿色浙江”到“生态浙江”，再到“美丽浙江”，坚持一张蓝图绘到底、一任接着一任干，始终把生态文明建设摆在突出位置，在国土空间格局、生态经济、生态环境、城乡面貌、生态文化和治理体系等方面都取得显著成效，浙江已经具备了“美丽浙江”建设的思想、制度、经济、实践等诸多优势。

（1）不断优化国土空间格局

浙江扎实开展全省国土绿化美化、珍贵彩色森林建设、森林城市等森林系列创建、森林质量提升、乡村绿化美化、新增百万亩国土绿化等工作，系统构建了全省空间管控体系，不断优化完善分区管控，基本形成了“三带四区两屏”的国土空间开发总体格局。率先实行差别化的区域管控政策和负面清单管理制度，基本形成了符合浙江省自然资源禀赋和环境条件的区域保护与开发格局。划定生态保护红线 3.89 万 km^2，占国土面积和管辖海域面积的 26.25%。

① 本章主要执笔人：文一惠、刘桂环、朱媛媛、谢婧、张逸凡等。

（2）大力提升生态经济增长质量

环境问题从本质上说是经济发展模式问题、产业结构问题。近年来，浙江在全国率先创建国家清洁能源示范省，率先提出“数据强省”。全省经济一直保持较快增长态势，三次产业结构不断跃迁，由2002年的8.6∶51.1∶40.3调整为2019年的3.4∶42.6∶54.0。数字经济等特色产业增长强劲，2019年，数字经济核心产业增加值占全省GDP的10%。在经济快速增长的同时，能源资源利用效率持续提高，节能降耗水平居全国前列，积极培育养老、养生、健康等生态经济新业态，基本形成科技含量高、资源消耗低、环境污染少的产业结构和生产方式。

（3）着力改善生态环境质量

浙江先后实施节能减排、循环经济、绿色城镇、美丽乡村、清洁水源、清洁空气、清洁土壤、森林浙江、蓝色屏障、防灾减灾、绿色创建11个专项行动，实施山水林田湖生态保护和修复工程，筑牢绿色发展的底线。全省生态环境状况综合指数一直稳居全国前列，绿色发展指数居全国前三位。2017年，全省劣Ⅴ类水质断面全面消除，2018年，省控以上断面达到或优于Ⅲ类标准的比例达84.6%，近岸海域水质总体呈逐渐好转趋势，空气质量首次实现6项指标全部达到国家二级标准。生态环境公众满意度连续7年持续提升。

（4）不断改善城乡环境面貌

浙江是全国首个开展“千村示范、万村整治”工程和打造全域“大花园”的省份，“千万工程”获联合国“地球卫士奖”。通过“五水共治”“四边三化”“三改一拆”“小城镇环境综合整治”系列组合拳推进全省城乡面貌不断改善，2018年年底，全省97%的建制村完成村庄整治，农村卫生厕所普及率为99.65%，美丽乡村创建先进县（市、区）数量居全国第一位，呈现出“诗画江南、山水浙江”的美好景象。

（5）持续推进生态文化建设

浙江积极发扬传承森林文化、源头文化、茶文化、农耕文化、湿地文化等特色生态文化，创建生态文化基地244个。文艺精品创作成果丰硕，截至2019年年末，出版期刊235种，公开发行报纸107种，出版规模和出版物品种类数居全国前列。浙江是全国首个设立省级生态日的省份，积极创建绿色社区、绿色家庭、绿色企业、绿色学校、绿色医院等“绿色细胞”，初步形成生态文明自觉自为氛围。

（6）加快推进治理体系建设

现代化的生态环境治理体系和治理能力是推进高质量生态建设的基础和保障。浙江以“最多跑一次”撬动生态文明领域改革，建立了党政干部政绩考核、生态补偿机制等一批领跑全国的创新制度。逐步提高环境治理能力，不断提升环境监管能力，不断健全绿色考核体系，稳步推进市场化要素配置机制改革，初步构建多元化投融资机制。

1.1.2　美丽浙江建设存在的劣势

以满足人民群众日益增长的优美生态环境需要为出发点，为实现人与自然、发展与保护、现代化与绿色化协同共生，实现经济发展、生态环境保护和社会进步的统一，美丽浙江建设还存在一些不足与短板。

（1）生态环境质量与人民群众的期待仍有差距

水、空气、土壤等多要素及陆海环境还没有实现全面协同治理，部分领域污染严重、治理滞后、时有反弹，生物多样性保护主流化还有待加强，城乡环境基础设施建设与高质量发展要求仍存在差距，臭氧污染、近岸海域生态环境问题突出。节能降耗、应对气候变化等领域与国际先进水平还存在较大差距，环境信访仍处在高位，人民群众对与生活质量相关的公共产品或服务需求越来越高。

（2）还需提升经济绿色发展的空间

发展中的一些布局性、结构性问题尚未得到根本解决，沿袭传统发展模式和路径的惯性依然存在，经济发展的绿色创新能力还不足，经济生态化和生态经济化还有较大提升空间。生态农业、节能环保、清洁能源等绿色产业刚刚起步，单位生产总值能耗、水耗水平与发达国家和地区相比还有不小差距。“绿水青山就是金山银山”转化通道有待进一步打通，生态红利尚未充分转化为经济红利和富民优势，绿色竞争优势尚未全面形成。

（3）有待进一步深化城乡融合

自改革开放以来，浙江省经济社会发展始终走在全国前列，城乡脱节、城市规划错位打架等现象亦比其他省（区、市）早发多发，主要体现在城乡要素合理流动相对缓慢，美丽城镇连通城乡的枢纽作用还不突出，仍需进一步加大城市生态环境等公共基础设施和服务向农村延伸的力度。城乡融合的前提是必须从城市转向城乡全域，实现规划范围的全覆盖。

（4）还未全面形成全民生态自觉的行动体系

公众的绿色生活方式尚不完善，还需强化群众的普遍认同，促使群众自觉自为参与到环境保护和生态建设的过程中。生态环境治理的市场手段和社会参与程度依然偏弱，尤其在淘汰落后产能、促进产业转型过程中主要是以政府倒逼、行政干预为主，存在政府负担过重、企业积极性不高等问题，仍需进一步凝聚政府、企业和社会共治合力，社会治理能力现代化建设任重道远。

1.1.3 美丽浙江建设面临的机遇

按照习近平总书记在浙江考察时提出的新嘱托，充分认识浙江在长三角一体化、长江经济带、“一带一路”建设等大区域格局中的定位和作用，浙江在经济社会发展和生态环境保护方面面临诸多机遇。

（1）“重要窗口”为美丽浙江建设锚定全新方位

在全面建成小康社会的决胜之年，在全面开启新时代美丽浙江建设新征程的关键时期，习近平总书记赋予浙江“重要窗口”的新目标、新定位，“生态文明建设要先行示范”的新嘱托、新要求，既是对浙江保持战略定力、建设生态省的充分肯定，又是对新时代建设美丽浙江的方向指引和蓝图擘画，为美丽浙江建设继往开来、谋深谋远提供了前所未有的历史机遇。

（2）国际绿色发展潮流为美丽浙江建设拓展广阔平台

全球面临的生态环境共同挑战持续加大，以“人类命运共同体”理念共谋全球环境治理，日益成为国际社会的共识和行动。“绿色发展”“生态文明”写入联合国报告，世界各国对中国履行负责任大国担当的认同不断增强，对分享中国成功经验的兴趣日益浓厚，为浙江立足更高层次、更宽视野推进美丽浙江建设，积极参与全球环境治理提供了重大机遇。

（3）国家重大战略交汇为美丽浙江建设注入开放动能

浙江是“一带一路”的枢纽节点，地处长三角和长江经济带的战略交汇地带，长三角生态绿色一体化、长江经济带“共抓大保护、不搞大开发”等要求，为区域自然生态共保、跨界环境问题联治提供了重要契机。多重国家战略与浙江自身优势叠加交汇，有利于浙江充分发挥和巩固港口、市场、生态等优势，主动对接长三角和长江经济带乃至全球的优质要素资源，共建共享更加优质的公共服务和生态环境，为浙江深化对内对外开放、促进绿色低碳发展提供了重要机遇。

（4）全面深化改革为美丽浙江建设赋予强大动力

党的十九届四中全会开启了全面深化改革的新篇章，浙江改革攻坚的重点转向推动深层次体制机制创新和制度体系变革，持续深化“最多跑一次”改革，加快政府数字化转型，牵引撬动各方面各领域改革走在前列，持续把改革成果转化为制度优势、把制度优势转化为治理效能，全面推进省域治理现代化，为激发美丽浙江建设的活力和潜力、创新绿色发展体制机制提供重要契机。

1.1.4　美丽浙江建设面临的挑战

当前和今后一段时期，我国发展仍然处于重要战略机遇期，挑战还会有新的发展变化。世界百年未有之大变局进入加速演变期，新一轮科技革命和产业变革深入发展，全球新冠肺炎疫情大流行带来巨大变量。我国进入新发展阶段，经济长期向好的基本面没有改变，人民对美好生活的向往呈现多样化、多层次、多方面特点，长三角一体化发展等国家战略深入实施。浙江虽然具有良好的发展基础，但是发展不平衡不充分问题仍然突出，与上海、江苏、安徽等省份互联互通、优势互补、利益共赢、联防联控的局面未形成，尚未全面融入长三角、长江经济带发展。

面对当今世界百年未有之大变局和中华民族伟大复兴战略全局，面对区域间生态文明建设竞相发力、比学赶超的外部环境，如何提高环境质量改善的速度，更好更快地满足广大人民群众对生态日益增长的需求，是建设美丽浙江所要面对的最大挑战。浙江肩负着“努力成为新时代全面展示中国特色社会主义制度优越性的重要窗口”“生态文明建设要先行示范”的重大历史使命，需要付出更大努力，将生态文明建设提升到前所未有的高度，为全国乃至世界提供更多浙江素材、浙江经验、浙江样板。

1.2　美丽浙江建设的目标要求

1.2.1　战略定位

认清美丽浙江建设的战略定位，需要把握浙江的历史使命和政治责任，把浙江放在世界的维度和全国的维度来考虑，用创新的理念和发展的眼光明确未来美丽浙江发展的方向。本节重点围绕 4 个对标来锚定美丽浙江发展目标和方向。

（1）对标习近平总书记对浙江的新期望

2020 年 3 月 29 日至 4 月 1 日，习近平总书记在浙江考察时对浙江提出了“努力成为新时代全面展示中国特色社会主义制度优越性的重要窗口”的最新指示要求，生态文明是中国特色社会主义制度的重要组成部分，浙江作为习近平生态文明思想的重要萌发地，在全国率先建成生态省，率先步入生态文明建设的快车道，应进一步在生态文明上下功夫，总结提升浙江生态文明建设的理论成果、制度成果、实践成果，深化国际交流与合作，讲好“中国故事”和“美丽浙江故事”，建成向世界展示习近平生态文明思想的重要窗口，以省域生态文明建设的生动实践向世界展示习近平生态文明思想和美丽中国建设成果。

（2）对标党中央提出的“到2035年基本建成美丽中国，基本实现现代化，到本世纪中叶全面建成美丽中国，把我国建成富强民主文明和谐美丽的社会主义现代化强国”的奋斗目标

对标生态环境部希望浙江在生态文明建设中继续担起先行者和排头兵的责任，在引领全国生态文明建设和美丽中国建设方面持续发挥先行先试、引领示范作用的要求。美丽中国的核心内涵是人与自然和谐共生，核心要义是把自然与文明结合起来，让人民在优美舒适的自然生态环境中享受极大丰富的物质文明和精神文明，同时让自然生态在现代化的人类社会治理体系下更加宁静、和谐、美丽，最终建成人与自然和谐共生的现代化中国。美丽浙江要建成美丽中国先行示范区，需要重点从协同推进生态环境高质量保护和经济高质量发展的角度出发，探索绿色低碳循环可持续发展、“绿水青山就是金山银山”转化、生态环境治理能力、全民生态自觉等各个方面的发力点。

（3）对标浙江“三个地”的政治高度

浙江是中国革命红船的起航地，是中国改革开放的先行地，也是习近平新时代中国特色社会主义思想的重要萌发地，应继续“干在实处”“走在前列”“勇立潮头”“要谋新篇”“方显担当”。浙江的“最多跑一次”改革、数字经济、生态经济、千万工程、基层社会治理等诸多领域领先一步的工作已是浙江改革发展的特色亮点品牌，下一步要让优势更优更强，特色更鲜明更出彩，应充分发挥绿水青山、数字经济、海洋经济等特色优势，建设绿色、低碳、循环、高质量的现代化经济体系；牢固树立和践行“绿水青山就是金山银山”理念，加强护美绿水青山、做强金山银山的联动联通，在全国率先全面建立生态产品价值实现机制，高质量打通“绿水青山就是金山银山”转换通道和路径；以数字化治理为支撑，推进生态环境科学治理、系统治理、依法治理、综合治理、源头治理，建立引领省域生态环境治理的创新性机制，构建全域美丽的绿色发展体制机制，率先全面实现生态环境治理能力现代化；应坚持聚民心、汇民智、育新人、兴文化，全面提升全社会生态价值观念和生态文明素养，在全民共建共享美丽浙江中，让生态价值、生态道德、生态习俗内化于心、外化于行，引领生态文明建设新风尚。

（4）对标国际可持续发展的先进水平

联合国2030年可持续发展议程中提到，“永久保护地球及其自然资源。我们还决心创造条件，实现可持续、包容和持久的经济增长”，创建“一个以可持续的方式进行生产、消费和使用从空气到土地，从河流、湖泊和地下含水层到海洋的各种自然资源的世界”，“一个人类与大自然和谐共处，野生动植物和其他物种得到保护的世界”。《中国落实2030年可持续发展议程国别方案》中提出坚持创新发展、协调发展、绿色发展、开放发展、共享发展，指导中国落实2030年可持续发展议程的整体进程。浙江应深入实

施绿色创新驱动发展战略，坚持绿色高质量发展，深化供给侧结构性改革，为落实联合国可持续发展议程提供浙江方案。

因此，围绕以上对标，建议浙江坚持开放发展，建成向世界展示习近平生态文明思想的重要窗口；坚持绿色发展，建成绿色低碳、循环可持续发展的国际典范；坚持协调发展，建成“绿水青山就是金山银山”转化的实践样板；坚持创新发展，建成生态环境治理能力现代化的先行标杆；坚持共享发展，建成全民生态自觉的行动榜样。

1.2.2 建设目标

2018 年，习近平总书记在全国生态环境保护大会上强调，要把解决突出生态环境问题作为民生优先领域，还老百姓蓝天白云、繁星闪烁，清水绿岸、鱼翔浅底的景象，让老百姓吃得放心、住得安心，为老百姓留住鸟语花香田园风光。在美丽中国的大家园中确定美丽浙江的建设目标。从时间维度上看，美丽浙江建设应着重与浙江“十四五”规划、联合国 2030 年可持续发展议程、党的十九大关于美丽中国的战略部署相衔接，按照 2025 年、2030 年和 2035 年 3 个阶段层层推进，并从美丽国土空间、美丽现代经济、美丽生态环境、美丽幸福城乡、美丽生态文化、美丽治理体系 6 个方面细化具体要实现的目标（表 1-1、图 1-1）。

表 1-1 美丽浙江建设的阶段目标

	近期（2025 年）	中期（2030 年）	远期（2035 年）
总体目标	基本建成美丽中国先行示范区	美丽中国先行示范区建设取得显著成效，为落实联合国 2030 年可持续发展议程提供浙江样板	高质量建成美丽中国先行示范区，天蓝水澈、海清岛秀、土净田洁、绿色循环、环境友好、诗意逸居的现代化美丽浙江全面呈现
高质量发展	经济生态化和生态经济化基本实现	“绿水青山就是金山银山”转化通道进一步拓展，省域生态产品价值实现机制建设走在全国前列	经济发展水平处于国内领先、国际先进水平
高水平保护	优质生态产品供给更加充分	优美生态环境成为常态，人民群众对生态环境的获得感、幸福感显著提升	生态环境质量处于国内领先、国际先进水平
高品质生活	绿色幸福生活基本实现	尊重自然、爱护自然的绿色价值观念深入人心，绿色生活方式全面形成	人民生活品质处于国内领先、国际先进水平
高效能治理	现代生态环境治理体系基本建立	生态文明制度供给不断加强，生态环境治理体系和治理能力现代化水平大幅提升	生态环境治理体系和治理能力现代化全面实现

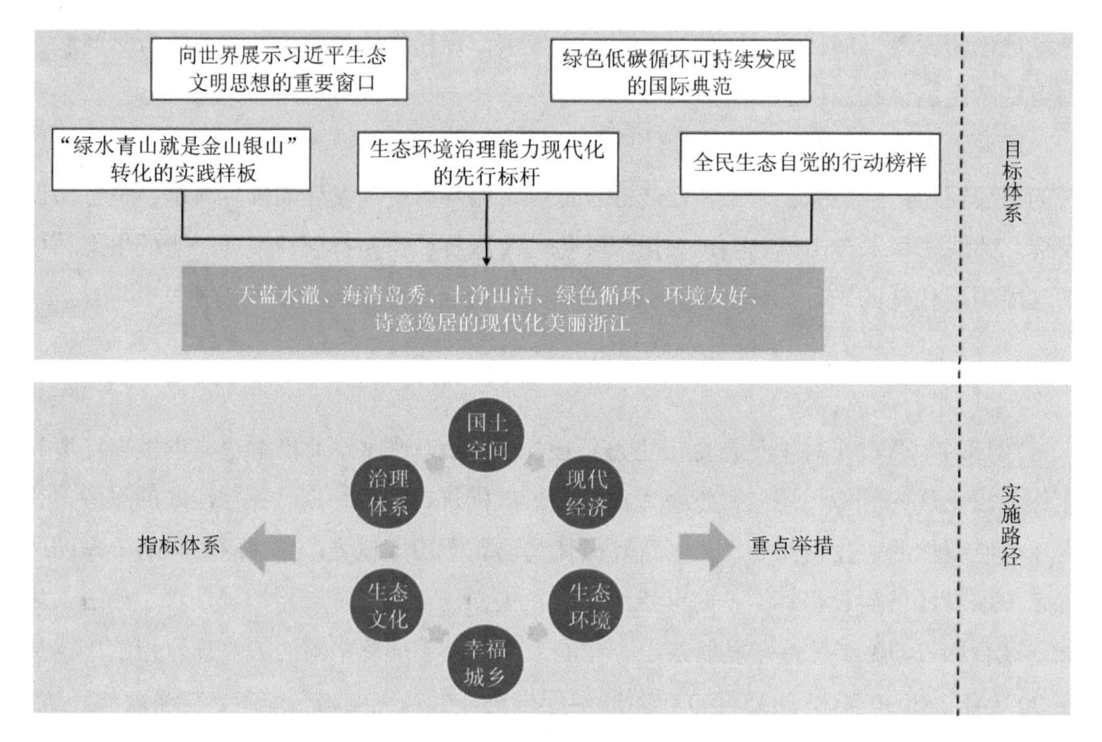

图 1-1 美丽浙江建设框架

浙江"十四五"规划是浙江在高水平全面建成小康社会的基础上，开启高水平建设社会主义现代化新征程的第一个五年，到 2025 年的目标建议着重体现 4 个"高"的深度推进，深度推进高质量发展，经济生态化和生态经济化基本实现；深度推进高水平保护，优质生态产品供给更加充分；深度推进高品质生活，绿色幸福生活基本实现；深度推进高效能治理，现代生态环境治理体系基本建立。做好这 4 个深度推进，将极大地推动浙江生态文明建设和绿色发展先行示范进程，基本建成美丽中国先行示范区。

"十五五""十六五"受世界发展格局、经济全球化进程、国内宏观政策等影响，不确定性因素较大，很难定量描述。2030 年目标主要对标联合国 2030 年可持续发展议程，重点是努力向世界提供"浙江方案"。在"十四五"时期建设成果的基础上着重推动生态文明建设和绿色发展纵深推进，"绿水青山就是金山银山"转化通道进一步拓宽，省域生态产品价值实现机制建设走在全国前列；优美生态环境成为常态，人民群众对生态环境的获得感、幸福感显著提升；尊重自然、爱护自然的绿色价值观念深入人心，绿色生活方式全面形成；生态文明制度供给不断加强，生态环境治理体系和治理能力现代化水平大幅提升。2035 年目标与党的十九大关于美丽中国的战略部署相衔接，按照较全国提前 15 年实现高质量建成美丽中国先行示范区的目标，浙江应实现经济发展水平、生态环境质量、人民生活品质全面处于国内领先、国际先进水平，与生态文明高度发达相适应的绿色发展空间格局、产业结构、生产方式和生活方式全面形成，绿色美丽和谐幸福的现代化大花园全面建成，生态环境治理体系和治理能力现代化全面实现，率先走出一条人与自然和谐共生的省域现代化之路。

1.3　美丽浙江建设指标体系研究

1.3.1　指标设计的总体考虑

美丽浙江建设指标体系是客观评价美丽浙江建设质量的工具，既要能反映浙江生态文明建设和生态环境保护的巨大进展，也要有效促进各地市、各部门、各行业、各领域的生态环境保护工作，还要合理引导社会预期。因此，在具体设计时美丽浙江建设指标体系主要考虑以下 3 个方面。

（1）体现战略性与系统性

针对未来 15 年生态文明建设和生态环境保护的战略路线图进行战略谋划，系统考虑经济高质量发展与生态环境高水平保护的协同推进，统筹谋划覆盖美丽浙江建设外在形象、内在品质、保障制度的指标体系。

（2）注重衔接性与代表性

既对标国际先进水平，又充分落实当前美丽中国建设工作及相关指标，同时与浙江当前系列战略部署相衔接，充分体现浙江特色亮点。

（3）立足科学性与合理性

指标选取注重可监测性、可评估性、可分解性，目标设计注重科学合理、可达可行。

1.3.2　指标体系框架

围绕美丽浙江建设战略目标，对标美丽中国建设的要求，重点与《美丽中国建设评估指标体系及实施方案》（发改环资〔2020〕296 号）相衔接，同时与《中共浙江省委　浙江省人民政府关于高标准打好污染防治攻坚战　高质量建设美丽浙江的意见》、浙江富民强省十大行动计划、《关于高水平推进美丽城镇建设的意见》《浙江省国土空间总体规划（2021—2035 年）》《浙江省海岛大花园建设规划》等规划指标体系相呼应，充分体现浙江特色和新时代发展要求。为此，从国土空间、现代经济、生态环境、幸福城乡、生态文化、治理体系 6 个方面，选取了具有代表性的 35 项指标，其中，15 项指标来源于美丽中国建设评估指标体系，其他 20 项指标充分体现了新时代浙江经济社会发展和生态环境保护的特色，35 项指标共同构成新时代美丽浙江建设指标体系。

1.4 美丽浙江建设的实施路径

习近平总书记在全国生态环境保护大会上科学总结了党的十八大以来我国的探索和实践，强调要加快构建五大生态文明体系，这是习近平生态文明思想的具体部署。浙江作为中国革命红船的起航地、改革开放的先行地、习近平新时代中国特色社会主义思想的重要萌发地，既要坚定不移地沿着习近平总书记开创的生态文明建设道路砥砺前行，又要面对新形势、新问题、新要求，把良好生态环境作为人民生活质量的增长点、经济社会持续健康发展的支撑点、展现浙江良好形象的发力点，形成具有浙江特色的美丽浙江建设实施路径。

1.4.1 美丽中国建设框架体系

习近平总书记在全国生态环境保护大会上首次提出，要加快构建生态文明体系，加快建立健全以生态价值观念为准则的生态文化体系，以产业生态化和生态产业化为主体的生态经济体系，以改善生态环境质量为核心的目标责任体系，以治理体系和治理能力现代化为保障的生态文明制度体系，以生态系统良性循环和环境风险有效防控为重点的生态安全体系。这五大体系也是支撑美丽中国建设的重要内容。

以生态价值观念为准则的生态文化体系。生态文明，归根结底是对美丽心灵和健康人格的塑造。建立以生态价值观为准则的生态文化体系，就是主张将生态价值植入人们的思想理念中，让生态价值理念统率人们的日常思维和行动。习近平总书记在浙江工作期间就提出，加强生态文化建设，在全社会确立起追求人与自然和谐相处的生态价值观，是生态省建设得以顺利推进的重要前提。生态文化的核心应该是一种行为准则、一种价值理念。因此，建立以生态价值观为准则的生态文化体系应该包括 3 个方面的内容：①树立正确的生态价值观念，使生态价值观成为社会主义核心价值观的重要组成部分；②树立以生态价值观为准则的可持续发展观，将“绿水青山就是金山银山”的理念贯穿于经济、政治、文化、法制建设的方方面面；③树立绿色生活观和绿色世界观，把人与自然和谐共生作为构建人类命运共同体的核心内容。

以产业生态化和生态产业化为主体的生态经济体系。生态经济体系是生态文明建设的物质基础和经济命脉，是构筑绿色国民经济结构的保障。产业生态化是依据生态学原理对产业进行规划、设计、改造、提升等，从而建立资源节约型的生态产业体系，生态产业化是对生态资源的产业化经营、服务功能的开发以及旅游价值的创造。以产业生态化和生态产业化为主体的生态经济体系主要包括建立以市场为主体的生态价值观，构建经济发展的生态保护体系和打造绿色生活方式与绿色生产方式 3 个方面。

以改善生态环境质量为核心的目标责任体系。以改善生态环境质量为核心的目标责任体系是实现保护生态环境目标的根本保障。建立目标责任体系最主要的是明确责任主体和责任制度，习近平总书记曾经强调，落实领导责任制，决不允许搞上有政策、下有对策，更不能搞选择性执行。这是对是否同党中央保持高度一致的重大考验。要建立科学合理的考核评价体系。因此，要全面建立生态文明目标体系，落实领导干部自然资源资产离任审计、生态保护政绩考核、生态环境损害责任追究等一系列制度。

以治理体系和治理能力现代化为保障的生态文明制度体系。构建生态文明制度体系必须突出强调两大重点：①建立科学有效的环境治理体系。党的十九大报告中强调构建政府为主导、企业为主体、社会组织和公众共同参与的环境治理体系，要形成举国上下全社会全民共同参与、齐抓共管的环境治理体系，使其成为新时代生态文明建设的重要支撑。②治理能力现代化。在共同治理方面，习近平总书记要求本地治污与区域协调相互促进，多措并举，多地联动，全社会共同行动；在环境执法体制建设方面，习近平总书记要求加大环境保护的执法力度，因此要建立全面促进生态文明建设的行政、司法和执法“三位一体”衔接，信息化管理，第三方评估等制度体系。

以生态系统良性循环和环境风险有效防控为重点的生态安全体系。生态系统的良性循环是生态安全的重要标志，是生态平衡的基本特征。必须树立山水林田湖草是一个生命共同体的整体系统观，统筹考虑自然生态各要素、山上山下、地上地下、陆地海洋以及流域上下游，进行整体保护、宏观管控、综合治理，全方位、全地域、全过程地开展生态文明建设，增强生态系统循环能力，维护生态平衡。习近平总书记提出要实现全民共治，强化综合治理，形成生态文明建设的强大合力。为此，要建立国家生态安全预警、评估、监测体系，建立健全生态风险防范与生态安全保障体系。

1.4.2　美丽浙江建设的实施路径

围绕美丽中国建设框架体系，突出时代特征和浙江特色，围绕“高质量发展、高水平保护、高品质生活、高效能治理”固根基、扬优势、补短板、强弱项，以高质量打通“绿水青山就是金山银山”转化通道为切入点，重点围绕美丽国土空间、美丽现代经济、美丽生态环境、美丽幸福城乡、美丽生态文化、美丽治理体系 6 个方面全方位规划、系统谋划，打造美丽浙江“六面体”。其中，国土是美丽浙江建设的基本骨架；在生产空间集约高效、生活空间宜居适度、生态空间山清水秀的国土空间格局下，发展绿色低碳循环的全产业美丽现代经济，在发展中保护，在保护中发展，是美丽浙江建设的核心体现；建设天蓝地绿水清的全要素美丽生态环境，既是保护自然价值和增值自然资本的过程，也是保护经济社会发展潜力和后劲的过程，是美丽浙江建设的基础支撑；打造宜居宜业宜游的全系列美丽幸福城乡，把改善人民群众的生存环境作为民生工作的着力点和努力方向，实现生态惠民、生态利民、生态为民，是美丽浙江建设的重要标志；弘扬“浙山浙水浙味”的全社会美丽生态文化，形成敬畏自然的传统信仰、关爱自然环境的行为模式、享受自然的生活方式，是美丽浙江建设的精神力量；完善科学高效完备的全领域美丽治理体系，是推动美丽浙江建设的制度保障。

（1）构建集约高效绿色的全省域美丽国土空间

在《浙江生态省建设规划纲要》提出的功能分区指引下，全省省域空间管控体系日趋完善，有效支撑起全省生产、生活、生态融合的空间保护与发展格局，但还存在城镇空间挤压农业和生态空间，生态环境空间管控的系统化和精细化水平有待提高等问题。因此，建议立足资源禀赋和环境承载能力，坚持节约优先、保护优先、自然恢复为主的方针，科学布局“三区三线”，实施差异化的国土空间开发保护，统筹城乡融合、产业发展、资源利用和生态环境保护，推动形成生产空间集约高效、生活空间宜居适度、生态空间山清水秀的国土空间格局。

（2）发展绿色低碳循环的全产业美丽现代经济

作为“绿水青山就是金山银山”理念的发源地，浙江立足“现有优势”和“潜在优势”，以降排放、提效率推动绿色发展，生态经济高效蓬勃发展，探索走出一条具有浙江特色的“为金镀绿”“变绿为金”的绿色发展之路。但由于创新能力相对薄弱，对绿色产业发展支撑不够，生态农业、节能环保、清洁能源等绿色产业发展水平偏低。因此，建议以数字经济“一号工程”为引领，以建设国家数字经济创新发展试验区为载体，发挥“数字浙江”先发优势和“绿水青山就是金山银山”理念实践先行优势，着力推动“互联网+”、生命健康和新材料三大科创高地建设，创新发展现代生态农业、先进制造业、生态服务业，全面拓宽“绿水青山就是金山银山”转化通道和实现路径。

（3）建设天蓝地绿水清的全要素美丽生态环境

浙江生态环境质量持续改善，生态保护和修复行动广泛开展，生态环境保护成效获得广大群众的认可和肯定。但生态环境质量与人民群众的期待仍有差距，水、空气、土壤等多要素及陆海环境还没有实现全面协同治理。建议坚持全过程防控、全地域保护、全形态治理，全力打好生态环境巩固提升持久战，高标准提升环境质量，全域建设“无废城市”，持续提升生态环境品质，持续增加优质生态产品供给，陆海一体改善海洋生态环境，满足人民群众日益增长的优美生态环境需要。

（4）打造宜居宜业宜游的全系列美丽幸福城乡

作为全国城市化最快的地区之一，浙江实施新型城市化战略取得了显著成效，城乡建设和管理体系不断完善，城乡统筹改革深入推进，但全省城乡环境质量持续改善的难度越来越大，小城镇发展成为城乡融合的短板。绿水青山的生态环境是人民生活品质提高的基本要求，也是创造“金山银山”的物质基础，两者共同构成了人民获得感和幸福感的必要条件。建议高质量推进城乡融合发展，大力推行城乡基础设施共建共享，推进公共服务城乡均等，建设现代宜居的美丽城市，塑造富有活力的美丽城镇，提升诗意栖居的美丽乡村，全域建设大花园，推动形成全域大美格局。

（5）弘扬“浙山浙水浙味”的全社会美丽生态文化

浙江文化底蕴深厚，“绿水青山就是金山银山”的科学论断在这里诞生。近年来，坚持推进文化大省、文化强省和文化浙江建设，“浙江精神”不断创新。在我国经济转向高质量发展、生态文明建设战略成为共识的大背景下，建议以尊重自然、顺应自然、保护自然的生态价值观念为准则，挖掘、保护传统生态文化，弘扬、倡导新时代美丽生态文化，推进人文底蕴、自然文化和生态价值观念的全面融合，加快推动实现全民生态自觉，引领生态文化时代潮流，培养生态文化自信。

（6）完善科学高效完备的全领域美丽治理体系

党的十八届三中全会以来，坚持和完善生态文明制度体系建设、提升环境治理体系和治理能力现代化水平已成为生态文明建设的重要组成，同时也是“绿水青山就是金山银山”转化和美丽浙江建设的必要条件。对照党的十九届四中全会《中共中央关于坚持和完善中国特色社会主义制度，推进国家治理体系和治理能力现代化若干重大问题的决定》，依据浙江《关于加快构建现代环境治理体系的实施意见》，建议以“最多跑一次”改革为牵引，以政府数字化转型为依托，加快生态环境治理现代化进程，构建政府有为、企业有责、市场有效、社会有序的大生态保护格局，全面形成系统完备、运行有效的生态文明制度体系。

第2章 全省域美丽国土空间研究[①]

国土是生态文明建设的空间载体，美丽浙江建设首先要把国土空间开发格局设计好。本章主要从生态系统格局、重要保护区分布格局、生态空间状况等方面对浙江国土空间开发与保护的现状进行了深入细致的归纳及总结，在此基础上明确美丽浙江建设国土空间开发与保护的总体目标和主要任务。

2.1 基础与现状

2.1.1 全省生态系统格局

浙江的生态系统类型以森林、农田、城镇和湿地为主。森林生态系统主要分布在浙西北和浙西南等山地丘陵区；农田生态系统主要分布在浙北平原、浙东南沿海平原及金衢盆地等地势平坦区域；城镇生态系统集中在浙北平原、浙东南沿海及浙中丘陵盆地，呈块状或点状分布；湿地生态系统由内陆广泛分布的河流和湖泊以及浙东沿海的滩涂沼泽构成；草地生态系统夹杂在林地及其他地类之间，主要由草丛构成；裸地分布较少，由裸岩和裸土构成，零星分布在浙西北山地丘陵区。

自20世纪70年代以来，尤其是改革开放至今，浙江经济社会快速发展，在多种因素综合作用下，生态系统格局发生了很大变化，生态系统构成呈现出鲜明的变化特征。总体来说，城镇生态系统面积持续增加，农田生态系统面积持续下降，森林生态系统面积保持稳中有升，灌丛、湿地、草地和裸地生态系统面积均略有减少。

---

① 本章主要执笔人：毛惠萍、许明珠、张雍、汤博、汪丽妹、王晶晶、迟妍妍等。

2.1.2　生态环境状况

（1）全省生态环境状况

2018 年，浙江生态环境状况为“优”。受生态系统类型、主要生态过程及人类活动等因素的影响，全省生态环境状况空间分布特征明显。浙南和浙西区域森林覆盖率高、植被类型丰富，是浙江生物多样性最为丰富、水源涵养等生态服务功能极重要的区域。该区域人类活动干扰少，污染物排放强度低，生态环境状况指数较高，生态环境状况明显优于东北部。浙北为平原河网地区，属于长三角地区的核心区域，开发强度大，生态环境状况指数相对较低。浙中和浙东南区域介于二者之间，生态环境状况居中。浙江生态环境状况指数空间分布见图 2-1。

图 2-1　浙江省生态环境状况指数（EI）分布

底图来源：《2018 年浙江省环境质量报告书》。

（2）重要生态功能区生态环境状况

浙江重要生态功能区分为浙西山地丘陵重要生态功能区、浙南山地丘陵重要生态功能区、浙中江河源头重要生态功能区 3 个区域，总面积 24 395.6 km^2，占全省土地面积的 23.5%。其中的浙西、浙南山地丘陵重要生态功能区分属于《全国生态功能区划（修编版）》中的天目山—怀玉山区水源涵养与生物多样性保护重要区、浙闽山地生物多样性保护与水源涵养重要区。3 个区域的生态系统主导服务功能为水源涵养、生物多样性维持、水土保持等，为多种生态服务功能并存、集聚的区域。

根据《生态环境状况评价技术规范》（HJ 192—2015），以县级行政区域为基本评价单元，采用生态功能区功能状况指数（FEI）评价生态功能区生态功能状况。

2018 年，全省重要生态功能区生态功能评价结果总体为优，表明区域自然环境优越，生态系统承载力高，生态功能稳定，自我调节能力强。3 个重要生态功能区中，浙西山地丘陵重要生态功能区生态功能指数均值为 88.5，区内的 3 个县（区）生态功能指数范围为 87.1～89.9；浙南山地丘陵重要生态功能区生态功能指数均值为 87.7，区内的 7 个县（市）生态功能指数范围为 84.5～90.2；浙中江河源头重要生态功能区生态功能指数为 85.2。重要生态功能区生态功能状况见表 2-1。

表 2-1 重要生态功能区生态功能状况

区域名称	县（市、区）名称	生态状况综合指数	等级
浙西山地丘陵重要生态功能区	淳安县	89.9	优
	杭州市临安区	87.1	优
	开化县	88.6	优
浙南山地丘陵重要生态功能区	文成县	84.5	优
	泰顺县	87.8	优
	遂昌县	88.6	优
	云和县	86.1	优
	庆元县	90.2	优
	景宁畲族自治县	87.7	优
	龙泉市	88.9	优
浙中江河源头重要生态功能区	磐安县	85.2	优

2.1.3 生态功能重要性和敏感性区域识别

（1）生态服务功能重点区域

根据浙江生态系统特征和生态安全格局，选择水源涵养、生物多样性维护、水土保持功能 3 项指标，利用地理信息系统软件开展浙江生态系统服务功能重要性评估，识别生态服务功能重要区域。评价结果显示：

浙江水源涵养极重要区面积约 20 998.16 km^2，占总面积的 19.91%，主要分布在浙西南山地丘陵区、浙西北山地丘陵区、浙东南沿海一带，主要涉及开化、淳安、建德、常山、江山、遂昌、龙泉、景宁、庆元、云和、青田、文成、泰顺、平阳、苍南、瑞安、永嘉、乐清、宁海、奉化等县（市、区）；重要区面积为 24 629.25 km^2，占总面积的 23.36%，重要区在全省均有分布，其中较为集中连片的区域主要分布在浙江中部丘陵区域，主要包括缙云、永康、嵊州、天台、安吉、德清等区域；一般重要区面积为 59 813.80 km^2，占总面积的 56.73%，主要分布在杭嘉湖平原、金衢盆地、宁绍平原等地势较低的平原、盆地区域（表 2-2、图 2-2）。

表 2-2　浙江水源涵养重要性评估结果

重要性等级	面积/km^2	占国土面积的比例/%
一般重要	59 813.80	56.73
重要	24 629.25	23.36
极重要	20 998.16	19.91
合计	105 441.21	100

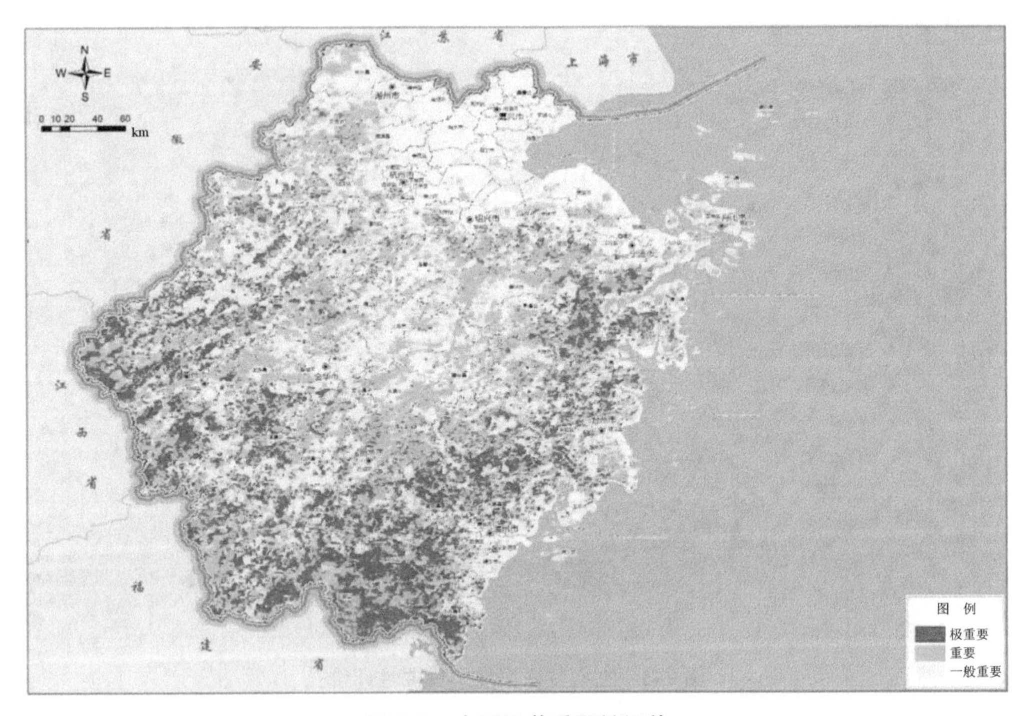

图 2-2　水源涵养重要性评价

底图来源：《浙江省生态保护红线划定方案》。

浙江生物多样性维护极重要区面积为 22 165.45 km^2，占比为 21.02%，大部分呈片状分布，有小部分呈点状分布，片状分布地区主要为浙西南山地屏障区（包括衢州江山、龙游，丽水遂昌、松阳、云和、龙泉、庆元、景宁和青田，温州泰顺、文成、苍南、永嘉）、浙西北山地（衢州开化，杭州建德、淳安）以及临海、三门、宁海、象山等部分沿海地区。除此之外，还有部分极重要区呈点状分布在临安、桐庐、诸暨、绍兴市区、奉化、仙居等地。重要区面积为 22 283.97 km^2，占比为 21.13%，分布格局与极重要区分布格局相似，两者交错分布。一般重要区面积为 60 991.78 km^2，占比为 57.85%，主要分布在杭嘉湖平原、宁绍平原、金衢盆地（表 2-3、图 2-3）。

表 2-3　浙江生物多样性维护重要性评价结果

重要性等级	面积/km^2	占国土面积的比例/%
一般重要	60 991.78	57.85
重要	22 283.98	21.13
极重要	22 165.45	21.02
合计	105 441.21	100

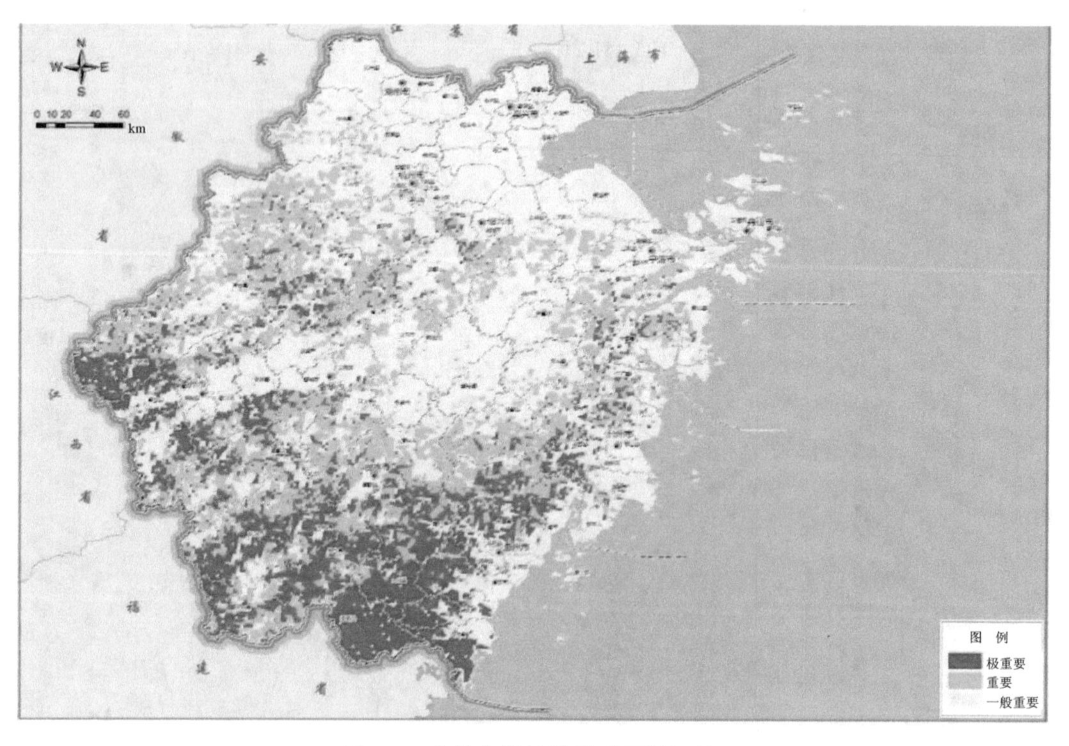

图 2-3　生物多样性维护重要性评价

底图来源：《浙江省生态保护红线划定方案》。

浙江水土保持极重要区面积为 24 849.29 km^2，占比为 23.57%，其分布相对比较分散，极重要区图斑较破碎，主要分布在浙南山区、浙西中山丘陵区等区域，重点分布在天目山脉、龙门山脉、会稽山脉、四明山脉、天台山脉、大盘山脉、千里岗山脉、括苍山脉、雁荡山脉、仙霞岭山脉、武夷山余脉等海拔较高的几大山脉；重要区面积为 23 893.47 km^2，占比为 22.66%，与极重要区分布格局类似，主要分布在浙南山区、浙西中山丘陵区等区域，与极重要区交错分布；一般重要区面积为 56 698.45 km^2，占比为 53.77%，主要分布在杭嘉湖平原、金衢盆地、宁绍平原地带（表 2-4、图 2-4）。

表 2-4　浙江水土保持重要性评价结果

重要性等级	面积/km^2	占国土面积的比例/%
一般重要	56 698.45	53.77
重要	23 893.47	22.66
极重要	24 849.29	23.57
合计	105 441.21	100

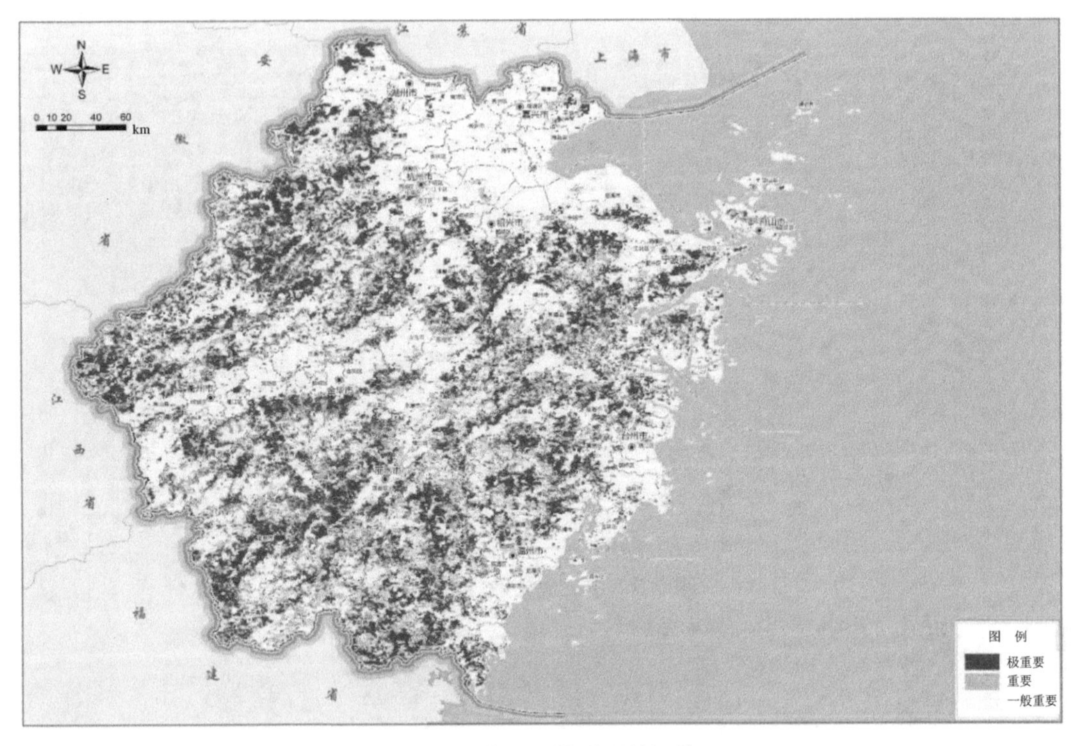

图 2-4　水土保持重要性评价

底图来源：《浙江省生态保护红线划定方案》。

（2）生态环境敏感重点区域

根据浙江生态系统特征和生态环境主要影响因子，选择水土流失敏感性指标进行生态环境敏感性评价，识别生态环境敏感重要区域。评价结果显示：浙江没有极敏感区。浙江水土流失敏感性以一般敏感为主，敏感区面积为 16 192.32 km^2，占比为 15.36%，图斑细小，分布较为破碎，主要分布在浙西北和浙西南山地丘陵区；一般敏感区面积为 89 248.89 km^2，占比为 84.64%（表 2-5、图 2-5）。

表 2-5 浙江水土流失敏感性评价结果

敏感性等级	面积/km^2	占国土面积的比例/%
一般敏感	89 248.89	84.64
敏感	16 192.32	15.36
极敏感	0	0.00
合计	105 441.21	100

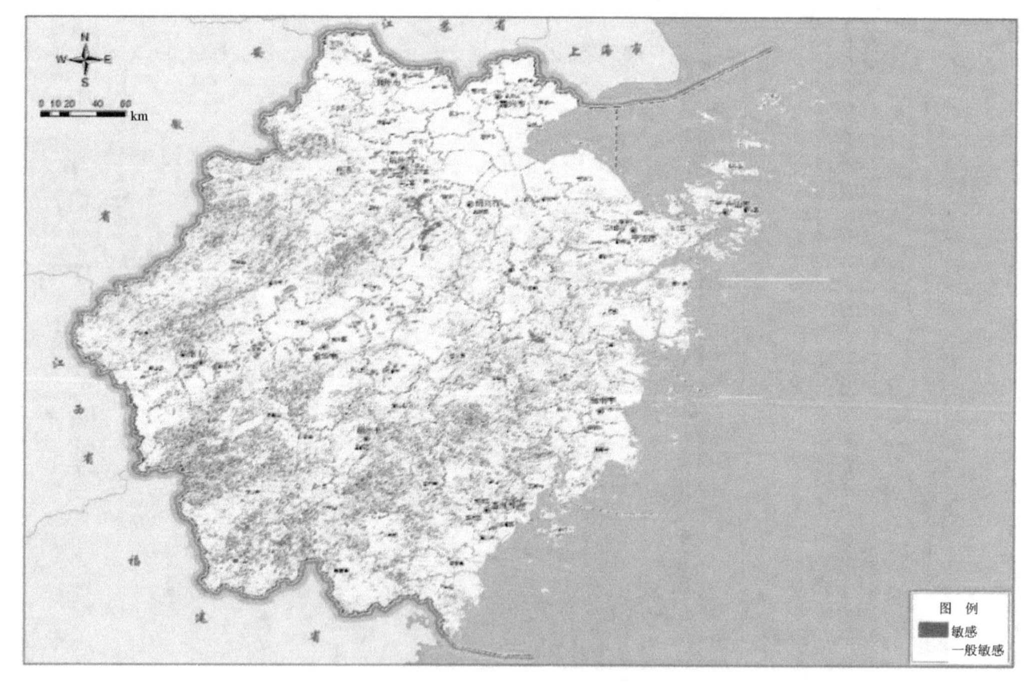

图 2-5 水土流失敏感性评价

底图来源：《浙江省生态保护红线划定方案》。

2.1.4 重要保护区分布格局

（1）生态保护红线分布

2018 年 8 月，浙江省政府发布《浙江省生态保护红线划定方案》（浙政发〔2018〕

30 号），明确了浙江生态保护红线总面积、基本格局、主要类型和分布。浙江生态保护红线总面积 3.89 万 km^2，占全省国土面积和管辖海域的 26.25%。其中，陆域生态保护红线面积 2.48 万 km^2，占全省陆域国土面积的 23.82%；海洋生态保护红线面积 1.41 万 km^2，占全省管辖海域面积的 31.72%。浙江生态保护红线呈“三区一带多点”的基本格局（表 2-6、图 2-6）。

表 2-6　各地级市生态保护红线划定结果

地市	行政区国土面积/km^2	生态保护红线面积/km^2	生态保护红线面积比例/%
杭州	16 853.57	5 594.63	33.20
丽水	17 276.06	5 493.78	31.80
衢州	8 844.79	2 473.28	27.96
金华	10 941.42	2 778.83	25.40
温州	11 612.94	2 394.50	20.62
台州	9 700.17	1 881.49	19.40
绍兴	8 274.79	1 576.84	19.06
宁波	9 365.58	1 670.35	17.84
湖州	5 820.13	865.45	14.87
舟山	1 352.69	110.70	8.18
嘉兴	4 275.05	108.80	2.55

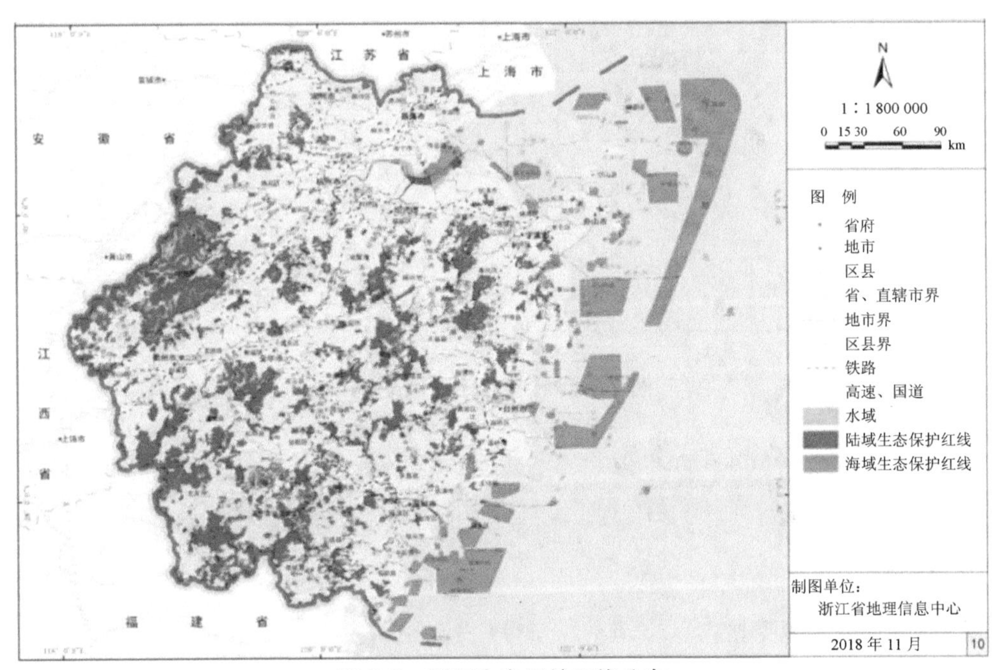

图 2-6　浙江生态保护红线分布

底图来源：《浙江省生态保护红线划定方案》。

（2）自然保护区布局

截至目前，浙江共建有国家级自然保护区 11 个，总面积 148 740.57 hm^2，其中陆域面积 82 053.57 hm^2，海域面积 66 687 hm^2；建有省级自然保护区 15 个，总面积 36 619.54 hm^2，其中陆域面积 36 139.64 hm^2，海域面积 479.9 hm^2。自然保护区主要分布于瓯江唐诗之路、浙东唐诗之路及钱塘江唐诗之路区域范围，大运河文化带分布相对较少（图 2-7）。

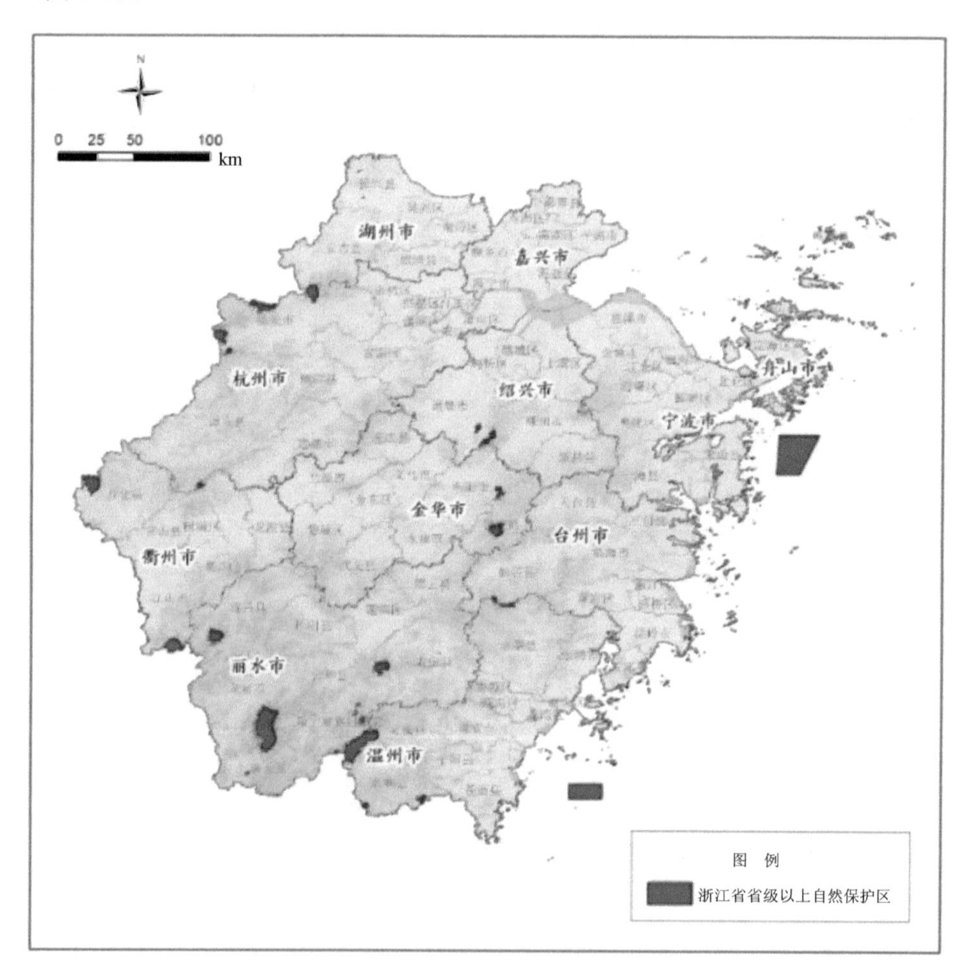

图 2-7 浙江自然保护区分布

2.2 存在的问题

（1）生态空间遭受挤占

浙江山区多、平原少，土地资源非常紧缺，适宜开发建设的土地与适宜耕作的土地不仅量少且区位高度重合，经济发展、城市建设与耕地保护、生态安全的矛盾比较突出。全省有较大面积的农田、湿地和草地被城市化建设占用，局部地区自然生态系统出现退化。尤其是城市化区域的高速发展和城镇建成区面积急剧扩展带来了严峻的生态环境压力，自然生态系统面积大幅缩减。生态廊道互不连通，生态空间保护力度不够，一些具有重要生态涵养功能的低山丘陵与河湖湿地没有得到严格保护，城乡生态景观日益成为稀缺资源。

（2）环杭州湾和浙东沿海布局风险较为突出

浙江城镇化、工业化开发主要沿杭州湾和浙东近海布局，沿海港口、码头和化工园区布局相对密集。随着浙江海洋经济发展示范区等国家涉海战略的深入实施，海洋工程、港口海运等沿海开发活动明显增加，港口的开发、沿海滩涂的围垦大规模开展，致使大陆岸线开发强度明显过高，已经对近海生态自我修复能力造成了较大影响。

（3）生态环境空间管控有待加强

浙江国土空间生态环境资源的高强度开发利用引发了一系列生态环境问题。全省人口、经济集中在面积占 20%左右的平原、河谷地区，国土空间开发整体效率偏低，部分区域生态环境负荷不断加大，对生态环境资源的开发利用强度已经超限，环境问题凸显和多发。

2.3　分区管控策略

主体功能区战略和制度深入实施，国土空间开发布局进一步优化，生态保护红线、永久基本农田、城镇开发边界等空间管控边界以及各类海域保护线得以划定并严守，陆域城镇、农业、生态三类空间比例更加合理，区域生态廊道、城市绿色空间面积逐步扩大，质量逐步提高，全省生态屏障得到有效保障，生态资源得到有效保护，基本形成生产空间集约高效、生活空间宜居适度、生态空间山清水秀，安全和谐、富有竞争力和可持续发展的国土空间格局。

根据地形地貌等生态系统的自然属性以及所具有的主导生态系统服务功能，充分衔接大湾区大花园大通道大都市区建设等重大战略部署，综合考虑《浙江省主体功能区划》《全国生态功能区划（修编版）》《浙江省生态功能区划》等现有分区成果，全省划分为 7 个生态功能区：浙西北山地丘陵水源涵养与生物多样性保护功能区、环杭州湾城市群、浙西南山地生物多样性保护与水源涵养功能区、温台沿海城市群、浙中丘陵土壤保持功能区、浙东丘陵水源涵养功能区、金义都市区（图 2-8）。

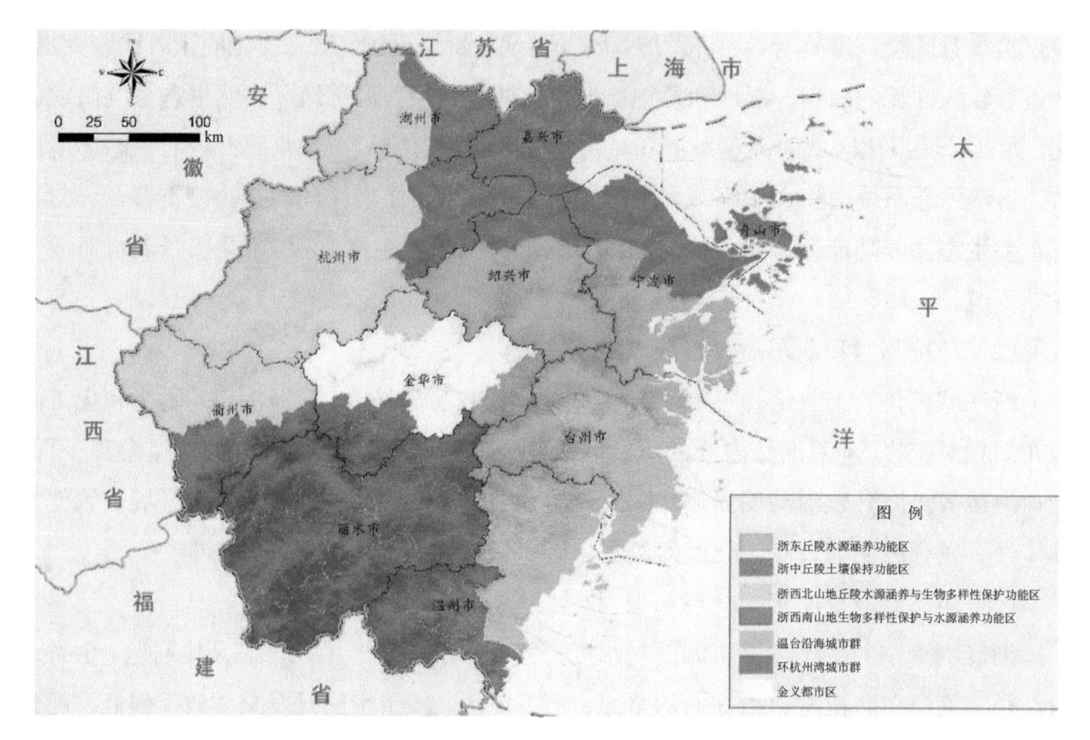

图 2-8 浙江生态功能分区

2.4 全省域美丽国土空间格局建设路径

2.4.1 统筹优化国土空间开发保护格局

构建“三群三区”国土空间开发保护格局。统筹城镇、农业开发和生态保护，构建“三群三区”国土空间开发保护总体格局。其中，“三群”指环杭州湾平原城市群、温台沿海平原城市群和金衢盆地城镇组群，重点推进城镇空间整治，推进城镇低效用地再开发、促进城市有机更新，推进人居环境综合整治、高水平建设品质城镇，加快产业升级改造、改善环境质量。“三区”指浙西丘陵生态区、浙东浙南丘陵生态区和浙东沿海海洋生态区。浙西丘陵生态区和浙东浙南丘陵生态区重点推进自然生态空间整治，加强森林、湿地功能修复与生态治理，加强地质灾害综合防治与水土流失综合治理。浙东沿海海洋生态区围绕浙江省海洋经济示范区建设，开展海岛海岸带综合整治，打造滨海生态走廊，修复海域生态。

推进实施国土空间发展战略。深度参与长江经济带建设，全面融入长三角一体化发展，强化“大湾区”引领作用，以区域共赢指导空间优化。推进区域性生态绿道体系串引，深化产业、科创等要素网络联系，培育战略性支撑板块，促进各等级城镇分类协调发展。强化智慧化、信息化系统，共建良性循环的省域大生态体系，改善城市人居环境，提高空间组织的修复力，建设现代化的大美图景。优化土地利用结构，推动土地利用功能适度混合，引导空间开发与时序安排相协调、存量优化与规模扩张相统一，促进形成智慧共生、双向协调的发展共同体。

从严管控国土空间。编制实施省、市、县国土空间总体规划，乡镇国土空间规划以及专项规划，建立健全国土空间规划体系。建立健全统一的国土空间基础信息平台，严格三条控制线监测监管。建立国土空间规划动态监测评估预警和实施监管机制。保护生态空间，强化生态系统平衡，保障空间边界和面积，严控生态用地的非生态化。从严划定并管控城镇开发边界，引导开发和建设行为集聚，合理规划和部署城市和产业区块，促进产城融合。制定各类空间用途转换办法，逐步建立全域、全类型空间用途管制制度，推进国土空间用途管制转向立体管制。

2.4.2　全面构建生态安全格局

筑牢生态安全屏障。以丘陵、山脉为轴带，构建浙西南山地、浙西北丘陵山地和浙中丘陵盆地三大绿色屏障，重点提升其水土保持、水源涵养及生物多样性保护功能。加快建设皖南—浙西—浙南生态屏障，依托黄山—天目山—武夷山和四明山—雁荡山，加快构筑环太湖和沿海生态防护减灾带，共筑长三角省际生态屏障。构筑杭州湾和沿海生态防护减灾带，建设钱塘江生态涵养区、四明山—天台山生态修复区、浙南生态保育区等省内生态屏障。全面加强近岸海域污染防治和杭州湾污染综合治理攻坚，合力建设长江口—杭州湾蓝色生态屏障。浙江生态安全格局见图 2-9。

推进生态廊道体系建设。以保护生物多样性、保持水土、美化景观、防护隔离、实现区域生态空间互连互通等为目的，加快建设生态廊道体系，促进生态空间网络化。以山体林地、八大水系、海滨海岛等为载体，建设省级生态廊道，全面推进城市组团间绿廊建设。重点构建浙西南及西北山区生态廊道和浙东北及沿海平原河流生态廊道。

强化生态环境空间管控。严守生态保护红线，对生态保护红线实施强制性严格保护，禁止工业化和城镇化。全面完成生态保护红线调整优化、勘界定标，实现“一条红线”管控重要生态空间。加快推进全省“三线一单”发布实施，完善配套管理政策，全面建成以“三线一单”为核心的生态环境分区管控体系。强化“三线一单”分区管控的刚性和约束性。

完善自然保护地体系。推进开化钱江源国家公园试点和丽水国家公园试验区建设。整合优化现有各类自然保护地，将符合条件的优先整合设立国家公园，其他各类自然保护地按照同级别保护强度优先、不同级别低级别服从高级别的原则进行整合，做到一个保护地、一套机构、一块牌子。到 2035 年，自然保护地占国土面积的比例达到10%以上。

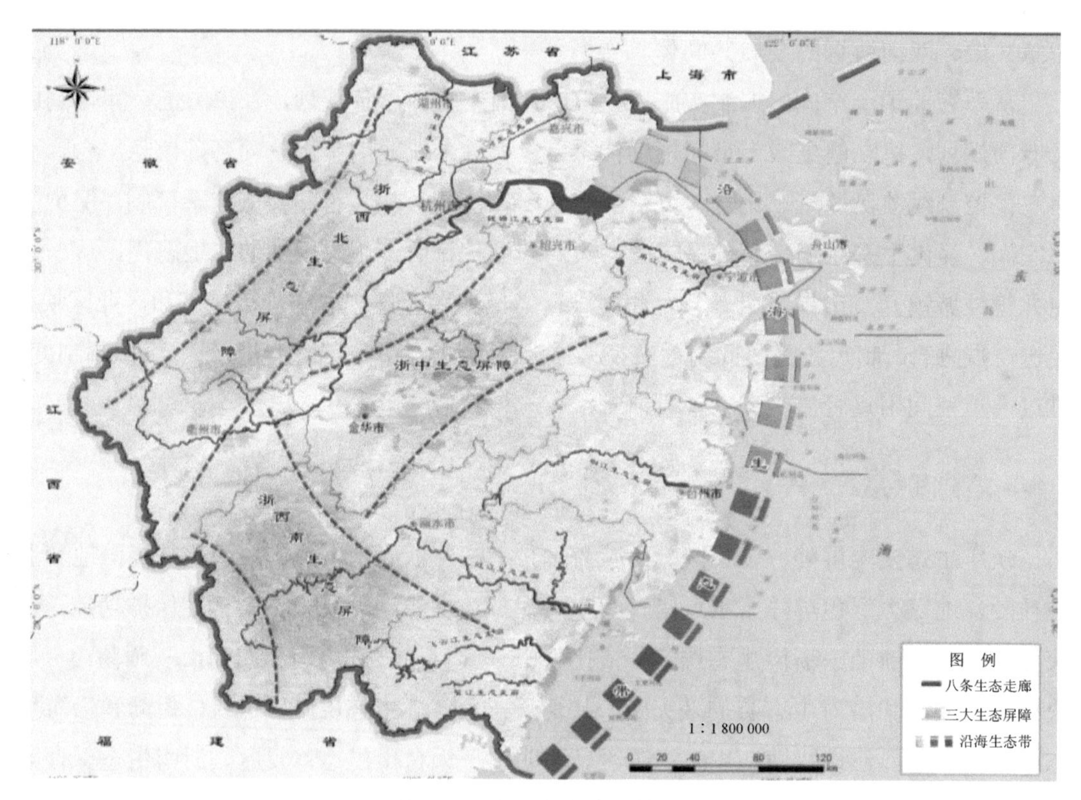

图 2-9 浙江生态安全格局

2.4.3 全力打造绿色低碳生产格局

协调区域发展格局。深化推进全面接轨上海、共同参与长三角一体化发展，以交通廊道、科创廊道、生态文化廊道等为纽带，加强地区间、都市圈间和省域间的协调联动，形成全省域全方位推进一体化发展整体格局。加快推进大湾区大花园大通道大都市区建设，其中大湾区是开发的重点片区，应着力推进人口、产业要素集聚发展；浙西南地区以保护为主，应引导人口、产业疏解，加强服务设施供给。

优化区域产业布局。充分发挥生态环境功能定位在产业布局结构和规模中的基础性约束作用，统筹谋划区域产业发展格局。积极推动重大项目向重点开发区域集中，充分发挥产业集聚区、经济技术开发区等创新平台作用，推动传统产业向园区集聚集约发展。深化“腾笼换鸟”，禁止新增化工园区，加大现有化工园区整治力度。加快城市主城区内钢铁、石化、化工、有色金属冶炼、水泥、平板玻璃等重污染企业的搬迁改造。严格控制浙西地区和太湖流域等水环境敏感区域高耗水、高污染行业发展，新建、改建、扩建重点行业建设项目实行主要污染物排放减量置换。

优化农业空间布局。加强以杭嘉湖平原、宁绍平原、金衢盆地、温黄平原、温瑞平原为主体的大规模集中农业空间，以富春江河谷地等 9 片谷地型、千岛湖北侧丘陵等 7 片园地型和象山港海域等 8 片海洋牧场型为主体的小规模集中农业空间建设，构建“五大多小”的集中农业空间。结合城镇功能拓展和生态格局建设需求，优化永久基本农田和耕地布局，使其数量不减少、质量不降低、布局更集中。

2.4.4　加快形成集约高效城镇格局

形成新型城镇化建设格局。深入实施《浙江省大都市区建设规划》，加快杭州、宁波、温州和金华—义乌四大都市区建设，适时培育若干以设区市为核心、规模相对较小的都市区，形成以杭州、宁波、温州、金华—义乌四大都市区核心区为中心带动，以环杭州湾、甬台温、杭金衢、金丽温四大城市连绵带为轴线延伸，以四大都市经济圈为辐射拓展的“四核、四带、四圈”网络型城市群空间格局。推进县域经济向都市区经济转型，以都市区为主体形态优化空间布局，促进中心城市与周边县域协同协调发展。按照生态环境保护和建设管控要求，逐步推动重点生态功能区边远村镇撤并集聚。

实施差异化城镇发展策略。杭州、宁波等地级及以上城市要在适当增量拓展的基础上，提升存量空间的利用效率与产能绩效，优化存量空间品质。台州、金华、绍兴、温州、嘉兴、湖州和舟山等地级市要严格控制增量空间，倒逼存量用地革新与城市有机更新。丽水、衢州等地级市要引导村镇人口向县城与市中心城区集中，逐步形成精明收缩的城市化策略。

推进城镇空间整治修复。优化城镇空间布局，引导开发和建设行为集聚，合理规划部署城市和产业区块。严格保护城市及周边自然山水资源，控制城市向外无序扩张和侵占生态用地，约束城市开发边界。推进绿道网络建设，营造滨水绿化体系，加快公园绿地建设，推行城市立体绿化，提高城市绿化覆盖率，拓展城市绿化空间。重点推进杭州、宁波、温州、绍兴、金华和台州等低效用地规模较大城市的“城中村”“旧城区”改造。深入推进“空间换地”，实施低效利用土地深度开发，提升用地效率。

第 3 章　全产业美丽现代经济研究[①]

建设全产业现代经济是开启美丽浙江建设的重大任务，要因地制宜地发展特色产业，积极打造美丽现代经济。本章主要根据浙江经济建设的发展基础和主要挑战，提出了经济建设的总体思路。基于以上研究，提出浙江经济建设要以大都市区、数字经济、绿色产业、文化经济四大建设为主。

3.1　发展基础

（1）经济发展质量和效益稳步提升，数字经济引领创新发展

经济的稳定性进一步增强，全省生产总值年均增长 7.5%，高于全国平均水平，领先广东、江苏、山东等省份。产业结构加快迈向中高端，新一代信息技术、生物技术等高新技术产业增加值占规模以上工业增加值比重由 2015 年的 37.2%上升为 2018 年的 51.3%；服务业增加值占 GDP 比重超过 55%；生产性服务业增加值占服务业增加值比重达到 60%以上。数字经济发展领先全国，2018 年数字经济对 GDP 贡献率达 41.5%，高于全国平均水平 6.7 个百分点。科技创新能力和实力跻身全国第一方阵，2018 年全社会研究和发展（R&D）经费支出占生产总值比重达到 2.52%，超过经济合作与发展组织（OECD）成员国平均水平；每万人发明专利拥有量为 23.6 件，科技进步贡献率达到 61.8%，居全国各省级行政区第二位。创新创业环境日益优化，未来科技城、阿里巴巴、浙江大学等一批“双创”示范基地享誉全国。全国及各省级行政区 R&D 经费投入占 GDP 的比重见图 3-1。

① 本章审核人：吴红梅；主要执笔人：何恒、王晟、丁哲澜。

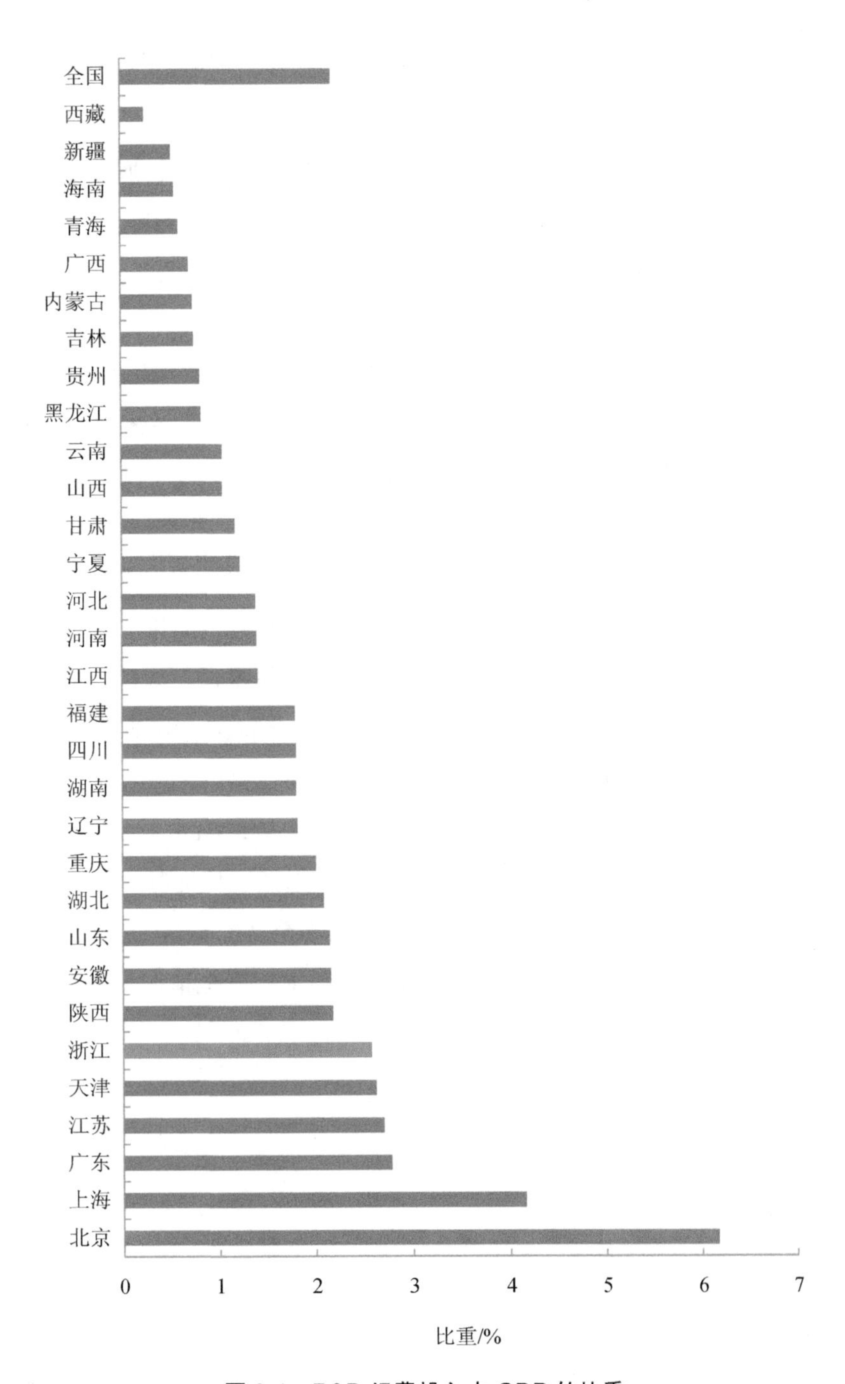

图 3-1　R&D 经费投入占 GDP 的比重

（2）积极主动对接国家发展战略，改革开放持续走深走实

积极参与长江经济带建设、长三角高质量一体化等国家战略实施，长三角一体化绿色发展示范区建设全面启动。深入推进“一带一路”枢纽建设，主动、双向的开放型经济发展格局加快形成。2018 年浙江出口份额占全国的比重提高到 12.9%，其中服

务贸易进出口额比上年增长 83.5%，居全国第四位；国际投资进入“对外净投资”的新阶段，全年完成对外直接投资备案额 183.8 亿美元，比上年增长 90.6%，接近同期实际利用外资（186.4 亿美元）的水平。自由贸易试验区在油品企业集聚、保税燃料油供应、民营绿色石化项目等方面实现了三个“全国第一”，世界电子贸易平台 eWTP、“16+1”中东欧经贸合作示范区、义乌国际贸易综合改革试验区、国际产业合作园和境外经济贸易合作区、境外系统服务站等重大平台建设成效明显。在全国率先开展“四张清单一张网”建设，率先开展“最多跑一次”改革。政府数字化转型取得重要进展，打造全域省、市、县一体化的“浙里办”App，全面使用政府系统掌上办公平台“浙政钉”。以供给侧结构性改革为主线深入推进转型升级，在全国率先开展和深化资源要素配置市场化改革。

（3）新型城市化发展全面提质，居民收入达到高收入经济体标准

2018 年全省常住人口城镇化率接近 70%，城市化发展全面进入成熟阶段，大规模的快速城镇化过程基本结束。大湾区、大都市区建设加快推进，人口、产业向都市区加速集聚，2017 年、2018 年，四大都市区净流入人口占全省比重分别为 73.7%、76.3%，其中杭州、宁波中高端人才净流入率分别居全国第一位、第二位。“城市大脑”建设和应用走在全国前列，未来社区建设试点全面推开。全省人均 GDP 接近 1.5 万美元，居民人均可支配收入超过 4.5 万元，达到世界银行的高收入经济体标准。城乡区域协调性、均衡性进一步增强，2018 年城乡居民收入比继续缩小至 2.03∶1，是全国城乡区域收入差距最小的地区之一。杭州、宁波、温州、金华常住人口变化情况见图 3-2。

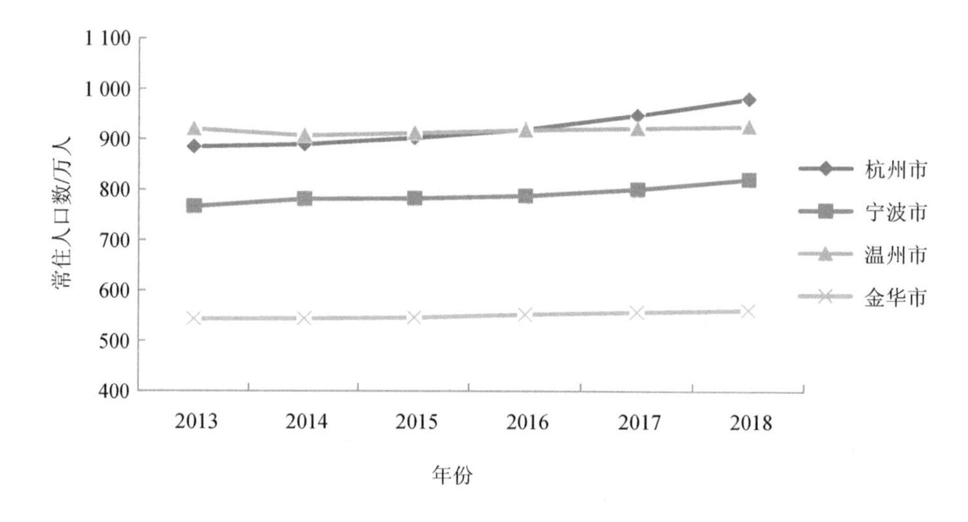

图 3-2 杭州、宁波、温州、金华常住人口变化情况

3.2　主要挑战

挑战一：中美贸易摩擦对产业、技术和贸易的挑战

产业升级带来严峻挑战，美国发动的经贸摩擦使全球化遭遇前所未有的困难和冲击，全球供应链、产业链、价值链遭遇强制性调整。影响两国科研、技术交流，例如，产业核心技术遭受“卡脖子”境遇，面临产业低端锁定的风险；部分企业和美国知名大学、医疗公司的长期合作暂停。影响企业经营成本，例如，双方加征关税，直接影响企业经营效益，部分行业、企业面对困难的国际市场形势，存在被迫向外转移的可能，存在“产业空心化”风险。影响企业国际市场的开拓，例如，摩托罗拉推动将中国视频监控及通信设备禁令条款加入“2019 财年国防授权法案”，意图对海康威视、大华股份、海能达等来自中国且具有竞争优势的对手进行封杀；因受到美方压力，在非洲等地区的火电厂建设项目招标中，当地业主对于中国投标方提出更多附加要求，增加了我国对非洲火电厂建设项目承接的难度。

挑战二：要素成本快速上升与创新能力不足的挑战

改革开放以来，浙江的高速发展以大量投入劳动力、土地等生产要素为前提，通过块状经济的集聚效应形成低成本、低价格的竞争优势，大量中小企业创新能力相对不足，产业结构升级缓慢，盈利水平偏低。而“十四五”时期，要素的供给约束都将不断加大，要素成本上升的趋势不可避免。劳动力趋紧，浙江适龄劳动人口总量（15～64 岁）自 2012 年开始净减少，到 2017 年总计减少 63.4 万人；土地趋紧，全省土地开发适宜强度上限是 13%，实际开发强度临近该数值，支持规模扩张的空间余量很少；能源总量和强度“双控”趋紧，全省万元 GDP 能耗已经降到 0.42 t 标煤，按传统路径继续降耗难度很大，能源总量控制规模也已基本“见顶”。

挑战三：社会转型加速与治理能力不足的挑战

社会主体多元化、社会分层复杂化、社会利益多样化背景下的社会转型过程中，财富和收入差距拉大、社区和乡村的自组织功能弱化、价值观念发生深刻变化，各种社会矛盾和风险持续积累。信息社会的兴起带来了数据鸿沟、数据安全、网络犯罪、舆论引导等新问题、新挑战。而与此同时，社会信用体系建设薄弱，大数据治理体系建设刚刚起步，政府应对和管理危机的能力明显不足，社会治理能力现代化建设任重道远。

3.3 经济发展战略目标

浙江是中国革命红船起航地、改革开放先行地、习近平新时代中国特色社会主义思想重要萌发地，必须在全国高质量发展阶段凸显浙江担当，打造现代化建设先行省。要在“十四五”期间乃至到2035年实现经济高质量发展，应重点把握好以下四大“经济”。

（1）都市区经济

改革开放以来，县域经济曾为浙江经济起飞作出了巨大贡献，但其在统筹协同、集约高效、共享发展等方面的局限性逐步显现，未来浙江经济发展的空间格局必须要体现较强的区域一体化思维，形成以四大都市区为核心、以长三角一体化为导向的“都市区经济”。

（2）数字经济

在全球新一轮的科技革命中，数字经济代表了未来科技和产业发展的方向。浙江是全国数字经济发展的排头兵，拥有一批优秀的互联网企业和信息产业集群，省委、省政府把发展数字经济作为一号工程，推动互联网、大数据、人工智能与实体经济的深度融合。作为各行各业创新发展的新引擎，发展好数字经济必将为浙江经济再上新台阶提供强大动力。

（3）绿色经济

浙江是“绿水青山就是金山银山”理念的萌发地，通过多年来的“生态省”建设，大力发展循环经济，绿色发展和生态文明理念深入人心。要实现高质量发展，必须牢牢把握绿色循环低碳的发展路径，全面推动传统产业开展生态化、绿色化改造提升，淘汰与资源环境承载能力不相适应的高污染行业和企业，大力发展生态农业、节能环保、清洁生产、清洁能源等绿色产业，实现经济生态化、生态经济化。

（4）文化经济

浙江是文化大省，拥有厚重的历史文化底蕴和良好的文化产业基础，优秀历史文化传承发展和现代文化产业发展走在全国前列。通过大力发展文化经济，把文化元素植入工业、农业和服务业产品之中，打响产品品牌、提升产品价值，全面构建高水平的公共文化服务体系和现代文化产业体系，不仅可以使其成为浙江经济的新引擎，更能够不断满足人民群众日益增长的精神文化需求，对新时期实现经济社会高质量发展，全面推进“两个高水平”建设具有重要意义。

3.4　全产业美丽现代经济建设路径

3.4.1　以大都市区建设谋划高质量发展之形

（1）县域经济向都市区经济转型

县域经济向都市区经济转型的五大方向：一是以都市区形态组织优化国土空间布局，进一步提升中心城市的集聚辐射能力，优化中心城市发展环境，使之成为高端要素、高端产业的集聚高地。二是加快构建便捷交通网络，都市区范围快速交通通道和中心城市的综合交通体系建设应摆上重要议事日程。三是着力强化产业分工合作，推进中心城市与周边区域在产业链上的垂直分工，并在周边区域逐步形成主导产业各具特色的横向分工。四是合理配置公共服务资源，探索都市区的行政管理体制创新，可建立都市区不同行政主体间的沟通协商机制。五是探索都市区统一市场体系创新，积极稳妥地推进户籍制度改革、社会保障制度改革和农村产权制度改革，探索都市区内投融资体制创新。

（2）未来浙江大都市区发展的阶段目标

近期（2025年）：预计到2025年，全省年均增速保持在6%左右，生产总值达到10万亿元，常住人口达6 009万人，城镇人口达4 441万人，城镇化率达73.9%，城镇居民人均可支配收入超过7万元，农村居民人均可支配收入超过3.5万元。全省大都市区综合实力明显提高，杭州、宁波、温州、金华—义乌四大都市区国际能级显著提升，龙头带动作用和中心城市集聚辐射能力显著增强。城乡有机更新深入推进，未来社区、智慧城市推动城乡建设加快升级，城乡一体的基本公共服务网络更加完善。

远期（2035年）：预计到2035年，浙江常住人口达6 060万人，城镇人口达4 791万人，城镇化率达79.1%。全面建成“七个之城[①]”，全省城乡实现高水平一体化发展，在长三角世界级城市群中的功能地位进一步提升，成为长三角最具影响力的战略资源配置中心、最具活力的新经济创新创业高地、最具吸引力的美丽城乡示范区，国际竞争力显著增强，达到世界创新型地区领先水平（表3-1）。

（3）浙江大都市区建设的空间布局

总体格局：全省形成以杭州、宁波、温州、金华—义乌四大都市区核心区为中心带动，以环杭州湾、甬台温、杭金衢、金丽温四大城市连绵带为轴线延伸，以四大都市经

① 七个之城：充满活力的创新之城、闻名国际的开放之城、互联畅通的便捷之城、包容共享的宜居之城、绿色低碳的花园之城、安全高效的智慧之城、魅力幸福的人文之城。

济圈为辐射拓展的“四核、四带、四圈”网络型城市群空间格局，共建长三角世界级城市群一体化发展金南翼。

表 3-1 浙江人口与城镇化率预测

年份	常住人口/万人	城镇人口/万人	城镇化率/%
2020	5 865	4 132	70.45
2025	6 009	4 441	73.91
2030	6 088	4 673	76.76
2035	6 060	4 791	79.05

“四核”，即四大都市区核心区。聚焦高能级的城市功能培育，打造长三角城市群中心城市和重要增长极。充分发挥杭州数字经济、宁波港口开放、温州民营经济、金义商贸物流等特色优势，推动差异化发展。进一步强化大中小城市特色分工和紧密联动，加快周边县域经济接轨融入都市经济，推进重大平台整合提升和产城融合，高水平打造都市区现代化城市新区。加快实施城市品质提升行动，完善大都市区基础设施、公共服务、生态环境、社会治理体系，全面建设高品质宜居、宜业、宜学、宜游之都。“四带”，即北部环杭州湾、东部甬台温、中部杭金衢、南部金丽温四大城市群连绵带。“四圈”，即四大都市区辐射圈，以杭州都市区为核心，构建辐射全省乃至省际相邻区域的杭州都市圈，推动衢州等地有机融合；以宁波都市区为核心、涵盖嵊州市与新昌县组团，加强宁波、绍兴、舟山、台州紧密联动，构建海洋与内陆腹地双向辐射的宁波都市圈；以温州都市区为核心、涵盖乐清湾区域，构建与台州、丽水紧密联动的温州都市圈；以金义都市区为核心，构建与衢州、丽水紧密联动的金义都市圈。

（4）浙江大都市区建设的重点领域和主要思路

提升四大都市区集聚能力。加强大都市区人口流量和流向的宏观导引，科学调控大都市区人口与用地规模。有条件地放开特大城市落户限制，逐步放开大中城市落户限制，建立居住证与户口登记相衔接制度，适度放宽投靠迁移政策，进一步放宽人才落户政策。有序推进农业转移人口市民化，加快建立差别化转移和转化体系。加快建设一批交通便捷、功能齐全、设施完善的综合型社区和人才公寓，提前规划布局教育、医疗设施，满足合理就学就医需求。推动建立多主体供应、多渠道保障、租购并举的住房保障体系。

加快四大新区建设。着眼浙江现代产业体系建设重要领域，突出标志性产业功能培育，以大湾区为重点，全力打造四大新区，积极建设“万亩千亿”产业大平台[①]，为未来全省经济发展提供重要战略支撑点。杭州钱塘新区充分发挥杭州经济技术开发区、大江东产业聚集区等平台作用，突出生物医药和半导体产业功能培育。宁波前湾新区充分发挥杭州湾新区、慈溪产业新城、余姚工业园等平台作用，突出新能源智能网联汽车领域和智能制造产业功能培育。绍兴滨海新区充分发挥绍兴滨海产业集聚区、绍兴国家级高新区等平台的作用，突出现代医药和集成电路产业功能培育。湖州南太湖新区充分发挥吴兴工业园区、太湖度假区、图影度假区等平台的作用，突出医疗健康产业功能培育。

提升大都市区宜居水平。建立便捷生活服务圈，构建步行 15 min 可达的城镇社区公共服务圈，优化配置幼儿园、中小学校、社区医院、菜场超市、银行网点、邻里中心等场所。进一步提升大都市区教育、医疗、文化、体育、健康、休闲等公共服务一体化水平，鼓励和支持与国际名校、名院开展联合办学、合作办医。高标准布局建设博物馆、图书馆、文化馆、美术馆、影剧院、音乐厅、“非遗”馆等公共文化设施，打造公共文化服务“云平台”。加快推行都市区市民卡、医保卡、交通卡“一卡通”，提升大都市区同城化共享水平。

构建对外开放新高地。以“一带一路”为统领，深入实施开放强省战略，加快构建全面开放新格局，推进长三角更高层次的对外开放。高水平建设中国（浙江）自由贸易试验区，积极争取自由贸易港在浙江落地。加快推进国际枢纽港、数字贸易网、境外服务站、国际合作园、民心连通桥建设，着力打造“一带一路”倡议枢纽。加快推进中国（杭州、宁波、义乌）跨境电子商务综合试验区、电子世界贸易平台（eWTP）、宁波“一带一路”建设综合试验区、“16+1”经贸合作示范区、世界（温州）华商综合发展试验区以及一批“一带一路”特色板块建设，争创义乌国际贸易综合改革配套改革试验区。强化“互联网+”、跨境电子商务、金融科技等联动创新，着力打造新兴金融服务中心，加快杭州国际金融科技中心，宁波金融、航运、会展中心，温州金融综合改革试验区和台州小微企业金融服务改革创新试验区等建设。

3.4.2 以数字经济蓄积高质量发展之势

数字经济也称智能经济，是工业 4.0 或后工业经济的本质特征，是信息经济—知识经济—智慧经济的核心要素。原省长袁家军表示，数字经济是一场深刻的新经济革命，是推动浙江高质量发展的“一号工程”，全省要积极创建国家数字经济示范省，杭州要

---

① “万亩千亿”产业大平台：面向重量级未来产业、万亩空间左右、千亿产出以上的产业平台。其中，首批平台分别是杭州万向创新聚能城产业平台、紫金港数字信息产业平台、大江东航空航天产业平台、宁波杭州湾新区智能汽车产业平台、嘉兴中新嘉善智能传感产业平台、绍兴集成电路产业平台、台州通用航空产业平台。

积极创建全国数字经济“第一城”。通过数字经济的发展，掌握一批以自主性、原创性、核心性为标志的“硬科技”，推动传统制造业、服务业数字化转型，以实体经济为核心加快建设协同发展的现代产业体系，推动产业迈向全球价值链中高端，不断提升经济发展质量和国际竞争力。

（1）数字经济相关产业的发展目标和产业布局

【发展目标】

根据数字经济相关研究和会议精神，对未来浙江数字经济发展进行研判。

近期（2025 年）：预计到 2025 年，实现数字经济增加值翻一番，数字经济对经济增长的贡献率达到 50%以上，形成一批数字经济领域的全球领袖企业和“独角兽”企业。全省 R&D 经费占生产总值比例达到 3%以上，接近当前日本的水平；每万人发明专利授权量达到 20 件。以绿色、高效、智能、集约为特征的现代产业体系基本形成，数字科技关键核心技术得到突破，培育形成若干全国知名的数字产业集群，大力推进产业、贸易、金融数字化改造，大湾区全球数字经济创新高地和杭州数字经济第一城建设取得重大成效。

远期（2035 年）：“互联网+”思维不断强化，全省 R&D 经费占生产总值比例保持在 3%～4%，以大湾区为核心，把大湾区建设成为浙江数字经济的创新高地，建成一批具有全球影响力的数字科技创新中心、新型贸易中心、新兴金融中心，把浙江建设成为全国数字经济示范省。

【产业布局】

聚焦科技创新资源集聚和高质量发展，以四大科创走廊为引领，构建以数字经济四大发展带和打造数字经济为引领的现代产业体系。

杭州城西科创大走廊：重点整合未来科技城（海创园）、青山湖科技城、紫金港科技城，加快西湖大学、阿里巴巴达摩院、之江实验室等建设，支持浙江大学、中国美术学院等“双一流”高校建设，打造全球领先的数字经济科创中心。

G60 科创走廊（浙江段）：重点把握长三角一体化发展机遇，发挥浙江在“互联网+”、5G、柔性电子、生命健康等领域的比较优势，推进玉皇山南基金小镇、钱塘江金融港湾等平台载体建设，创新跨区域科创平台合作机制，共建长三角建设现代化经济体系的大平台。

宁波甬江科创大走廊：重点整合宁波江北文创港、国家高新区、镇海中官路创业创新大街、北仑滨江新城等甬江两岸区域，重点发展教育科研、软件设计、文化创意、数字经济、科技服务等新兴产业，打造全球新材料研发创新中心、全国数字经济创新引领区、国际化创新创业集聚区和协同创新体制改革先行区。

温州环大罗山科创走廊：重点整合温州高新区（浙南科技城）、温州高教新区（国家大学科技园）、温州三垟湿地等，加快推进温州肯恩大学、复旦大学温州生命科学创新中心、浙江大学研究院、中国科学院大学研究院、中国眼谷等项目建设，打造浙南科技创新高地。

（2）着力提升数字核心技术

做大做强数字创新平台，以之江实验室、浙江大学和阿里巴巴“一体两核”的特色优势和整体作用，打造“互联网+”科创高地，集聚建设若干以数字经济基础关键核心技术研究为重点的重大创新载体，使其成为具有全球影响力的数字技术创新中心。加快补上下一代信息技术产业短板，加快集成电路与高端芯片、新型显示、5G 网络通信关键核心技术和智能硬件突破，加快区块链、柔性电子、量子信息、虚拟现实与增强现实等关键技术和产品的研究和应用。加强数字技术攻关，启动“卡脖子”技术攻坚，大力推进数字化转型标准体系建设。

（3）大力培育发展新兴产业

要把生命健康产业作为浙江继数字经济后又一世界级产业来打造，以推进钱塘实验室筹建为重点，加强生物医药高端创新资源整合，打造全球新兴的生命健康产业创新中心；进一步发挥浙江在云计算、大数据等信息技术领域的优势，通过信息技术与生物技术融合，建设国内生命健康服务高地。把握新兴产业发展机遇，加快把新能源汽车、航空航天、新材料等产业培育成为新的支柱产业。瞄准新一轮产业和科技革命前沿技术，聚焦更具前沿性的脑科学与类脑研究、干细胞治疗与再生医学、极端环境材料、液态金属、无人驾驶等未来产业领域，超前开展基础研究平台布局，加大力度引进核心技术和人才团队，抢占未来发展制高点。

（4）加快推动传统产业数字化改造升级

要坚持传统产业改造提升与新兴产业培育发展并重，把浙江有规模、技术、企业、市场优势的绿色石化、纺织化纤、装备等万亿级产业集群和量大面广的块状经济进一步提质发展作为夯实实体经济的重要基础，把数字化转型作为传统产业实现快速升级的重要途径。深入推进数字化设计、工业互联网、智能化技改、“企业上云”、数字化管理、数字化营销、“互联网+”新模式等在传统产业的应用，加快建立快捷柔性化生产新模式，探索网络化协同研发设计、协同生产、协同营销、协同供应链等体系建设，加快提升传统产业发展质量和国际竞争力。对污染大、能耗高、效率低的传统产业及块状特色经济，要调整优化布局，形成与资源环境承载能力相适应的块状特色经济发展模式。

（5）抓好先进制造业和现代服务业融合发展的重点

要着重发展对于提升制造业质量和水平有关键支撑作用的创意设计、服务外包、供应链管理等生产性服务业。依托之江文化产业带、大运河文化带、瓯江文化带，培育形成若干具有国际影响力的创意设计基地。抓住国际服务外包转移机遇，巩固软件和信息技术外包的规模优势，大力发展基于云计算和大数据的金融服务、供应链管理等高端业务流程外包，不断提升产品研发及工业设计、生物医药研发等知识流程外包业务占比级。开展供应链创新与应用试点示范，打造大数据支撑、网络化共享、智能化协作的智慧供应链体系，成为全国供应链创新与应用的先行区。加快推进钱塘江金融港湾建设，有序发展新兴金融业态，创新发展传统金融业务，打造新兴金融中心。

（6）推进十大标志性引领数字项目

落实长三角一体化战略，高水平建设数字长三角；实施“三廊四新区”“万亩千亿”项目，高水平建设数字大湾区；推动移动支付在电子政务、公共交通、医疗、教育、商业及便民等领域的应用，高水平建设移动支付之省；扩展交通、城管、经济、健康、环保、旅游等典型行业应用场景，建立基于全面感知的数据研判、决策治理一体化智能城市管理模式，高水平建设“城市大脑”；率先拓展物联、数联、智联的数字应用场景；加强电商、电信、金融、快递、公用事业、生活服务、进出口等行业及大中型企业电子发票使用，高速度推广电子发票；谋划杭州湾智慧高速公路环线，高水平建设智慧高速公路；加快培育数字化社区，高水平建设未来社区；抓好乡村产业、服务和乡村治理数字化，高水平建设数字乡村；深化大数据在政府数据公开、移动掌上服务等更多事项“掌上办”的部署应用。

3.4.3 以绿色产业夯实高质量发展之基

（1）绿色产业发展目标和产业布局

【发展目标】

近期（2025年）：到2025年，绿色低碳循环发展的经济体系全面建立，生态产品价值实现机制初步确立，绿色经济成为富民强省的有力支撑，绿色产业发展、资源利用效率、清洁能源利用水平等位居全国前列，基本建立“绿色智造标准+绿色产品认证”的绿色发展模式，严格、精准、高效强化资源“双控”管理，初步构建清洁低碳、安全高效、创新协同、开放共享的现代能源体系，单位GDP能耗下降到0.35 t标煤/万元（折合2.45 t标煤/万美元），低于目前韩国的水平，构建区域协作的废弃物回收储运、循环利用和监管体系，打造以资源循环利用为核心的“无废”社会。

远期（2035年）：到2035年，绿色发展的空间格局、产业结构、生产生活方式全面形成，资源利用效率世界领先，单位GDP能耗预计下降到0.31 t标煤/万元（折合2.17 t标煤/万美元），形成一批在世界上有影响力的节能环保、清洁生产、清洁能源产业集群。

【产业布局】

打造一批绿色现代农业发展载体。重点提升农业“两区”（粮食生产功能区、现代农业园区）建设水平，建成100个以上第一、第二、第三产业深度融合的省级现代农业园区，200个集产业园、科技园、创业园功能于一体的农业可持续发展示范园，支持有条件的地区积极创建国家级农业高新技术产业示范区。打造一批具有浙江特色的农业强镇、旅游风情小镇、森林小镇、美丽渔港和特色村庄，建设乡村特色产业发展的重要载体。

建设一批美丽园区。运用特色小镇的思路和方式，分类、分块、分步改造100个传统开发区（园区），打造“对外开放活力美、生产生活特色美、绿色生态环境美、数字信息智能美、高端创新结构美、营商环境服务美”开发区（园区），推动产业高质量发展，加快建设具有国际竞争力的现代化产业体系和产业集群。

建设一批节能环保产业示范基地。依托节能环保产业有较好基础和发展后劲的产业集聚区、工业园区、经济技术开发区、高新技术开发区等区域，培育一批规模经济效益显著、专业特色鲜明、综合竞争力较强的节能环保产业示范基地，形成对区域产业发展具有明显示范辐射带动效应的节能环保产业集群。抓住浙江省全力推进特色小镇规划建设契机，集聚、创新发展有特色的省级节能环保产业小镇。

建设一批清洁能源典型示范基地。其中包括：①清洁煤电示范基地：浙能嘉华电厂、浙能六横电厂、国华舟山电厂、大唐乌沙山电厂、浙能乐清电厂等；②三代核电示范项目：实施三门核电一期项目，加快推进三门核电二期和三期项目、苍南核电一期、象山核电一期前期工作；③海上风电示范基地：在杭州湾、舟山东部海域、宁波象山海域、台州远海海域、温州远海海域；④潮汐能、潮流能、波浪能：温州瓯飞潮汐电站、台州健跳潮汐电站、舟山岱山潮汐电站等。

（2）高水平发展现代生态农业

以“三个示范、两个升级”为重点，全面提升浙江乡村产业综合实力和国际竞争力。

“三个示范”，即绿色示范、品牌示范、安全示范。一要全力推进农业绿色发展示范先行创建，打造一批高质量、有口碑的“金字招牌”，深化现代生态循环农业发展，深入实施化肥农药减量增效行动，打造基础设施完善、田园环境整洁、农业设施整齐、生产过程清洁、产业布局合理的美丽新田园，加快发展绿色畜牧业，完善农业绿色发展制度体系。二要实施农业品牌振兴计划，培育浙江名牌农产品300个以上，做大做强“丽水山耕”等区域农产品公共品牌。加强农业品牌宣传和农产品营销平台建设，发展以品牌为引领的中高端农产品连锁经营体系。三要建好全国首个农产品质量安全示范省，推广全程标准化生产和全产业链安全风险管控。加强食用农产品合格证管理，完善检测监管体系，确保食品安全。农产品质量安全追溯平台覆盖所有县（市、区），规模生产经营主体纳入平台管理。

"两个升级"：一是对标荷兰等世界农业科技强国，向数字农业、智慧农业升级，建设好农业科技园和农村双创示范基地，大力推动农业科研创新平台建设，建设好一批现代农业科技创新园区（基地），培育一批农业高新技术企业。二是充分挖掘农业的功能和乡村的价值，向农村第一、第二、第三产业深度融合发展升级，推动乡村从"卖产品"向更多"卖生态""卖风景""卖文化""卖体验"转变。

（3）大力发展节能环保产业

围绕"两大一小"（大企业、大项目、特色小镇）重大载体建设，扶持一批大企业，谋划一批大项目，加快推进杭州天子岭静脉小镇、衢州循环经济小镇、江山光谷小镇、秀洲光伏小镇、长兴新能源小镇、金华新能源汽车小镇等节能环保产业特色小镇建设。以高效节能、清洁能源、大气污染防治、水污染治理、海水淡化等为重点，加大技术创新力度，提升系统智能化、集成化能力，推动成台套、一体化，加快高端技术装备制造产业化。培育一批节能环保装备制造龙头企业，扶持一批节能环保重点企业研究院，实施一批技术攻关和高端技术装备产业化项目。加快推进一批科技创新和检验检测平台、物流商贸服务平台、投融资服务平台、招商引资平台等功能平台建设，进一步增强以节能环保产业为主的产业基地的公共服务能力。引导培育绿色消费，扩大市场对节能环保装备、产品和服务的需求。制定并完善覆盖浙江主要高能耗行业的地方能耗标准，推动超高效节能产品市场消费。开展再制造"以旧换再"工作，补贴交回旧件并购买"以旧换再"试点产品的消费者。

（4）全面提升清洁生产产业发展水平

将传统制造业集聚到工业平台和园区，清理、整合、撤销园区外工业区块，加快推动已有工业园区（开发区）实施"零污染"生态型、循环化改造，实现从技术到人的理念、素质，从工业基础到管理水平，从基本材料到加工工艺全流程的提升，使产品品质更高、更加绿色，实现工业园区外基本无工业、园区之内无非生态工业。推进所有制造业类园区完成循环化、绿色化改造，实施重点行业清洁生产提升行动，加强节能环保技术、工艺、装备推广应用，建设绿色工厂、绿色企业和绿色园区，产品做精、做细、做绿，实现精致化管理。

（5）高质量建设清洁能源示范省

严格落实"煤炭减量替代、机组清洁高效"标准，大力发展清洁煤电，率先完成煤电减排改造。加快自备电厂整治提升，完成全省燃煤自备电厂煤改气或减排改造，减排改造机组污染物排放标准优于天然气机组排放标准，加快推进散煤治理，有效改善煤炭利用结构。加快油品品质提升工程，支持省内炼油企业加快设备改造，加快生物燃料乙醇和生物柴油推广与应用。大力推进天然气管网、调峰储备设施和 LNG 接收站建设。在采取国际最高安全标准、确保安全的前提下，合理安排核电布局，支持三门核电一期建设，完成三代核电示范任务，继续深化离岸海岛核电的开发研究工作，争取到 2023 年，全省核电装机容量达 1 900 万 kW 以上。加快推进水能、风能、太阳能、生物质能、海洋能、地热能等可再生能源规模化发展，重点推进分布式光伏发电发展和海上风电示范工程建设，加强潮汐能、潮流能、洋流能等的开发研究，积极推进抽水蓄能电站建设，进一步增强电网储能和调峰能力，计划到 2023 年，全省可再生能源装机容量占电力装机容量的比重达到 25%以上。加快配电网建设与改造，推进坚强网架与电网智能化的融合发展，不断提高电网的信息化、自动化、互动化水平。加快推动分布式能源和能源互联网融合发展，在沿海离岛、工业园区试点开展能源局域网建设，有效推进分布式能源互联互通、多能互补。

3.4.4　以文化经济提升高质量发展之品

（1）文化经济发展目标和产业布局

【发展目标】

近期（2025 年）：预计到 2025 年，全省文化及相关特色产业增加值达到 5 600 亿元，全省列入各类世界遗产的项目达到 15 处，旅游业增加值达到 1 800 亿元，健康产业增加值达到 4 000 亿元，“四条诗路”文化带、大运河文化带（浙江段）、之江文化产业带初具规模，江南文化得到很好的传承与发展，不断激发文化创造活力，推动文化艺术、文化旅游、文化产业、文化教育的转型升级，实现经济社会高质量发展，使浙江成为全国文化经济发展高地。

远期（2035 年）：预计到 2035 年，全省形成自然、城镇、乡村、文化和谐共生的发展态势，浙学文化在国内外形成较高的知名度、美誉度和影响力，成为“诗画浙江”最亮丽的文化旅游风景线。

【空间布局】

“四条诗路”文化带。以主要水系、古道和现代交通为纽带，打造浙东唐诗之路、大运河诗路、钱塘江诗路、瓯江山水诗路四条文化带。

（2）全力推进浙江文化产业发展振兴

促进传统工艺发展振兴，深入挖掘茶叶、丝绸、黄酒、中药、木雕、根雕、石刻、文房、青瓷、宝剑、竹编等历史经典产业文化内涵，打造一批传统工艺全国知名品牌，建设杭州丝绸、湖州竹艺、东阳木艺、龙泉瓷艺、永康五金工艺、开化纸艺、青田石艺等一批创意产品设计研发中心或产教融合实训基地。创新传统戏剧平台和载体，做好“中国越剧艺术节”“浙江省传统戏曲演出季”“浙江好腔调”“李渔戏剧节”等传统戏剧品牌活动。创作诗路影视动漫品牌，开展一批影视精品创作，谋划提升一批诗歌、曲艺、影视创作外景地，培育一批富有活力和较强竞争力的影视、曲艺制作企业和工作室。壮大重点文化产业品牌，加快发展文化艺术创作、文化艺术表演、文化艺术培训。

（3）打造“浙江”省域文化旅游大景区

强化线路串联，开发全域旅游拳头产品，谋划一批文旅精品主题线路，有序开发避暑度假和冬季旅游产品。强化服务串联，加快公共服务全面升级，加速景区内道路、停车场、慢行系统、交通标识、汽车充电桩、手机充电站等服务设施建设，推进新一轮厕所革命。强化信息串联，开启智慧旅游全新时代，推动旅游与公安、交通、气象、通信等跨部门、跨行业的数据衔接共享。整合传统媒体和新媒体营销体系，探索建立省、市两级的政府旅游新闻发布制度。强化产业集聚，推进文化旅游核心平台建设，着力推进一批人文、自然风情独特的4A、5A级旅游景区建设，高标准建设一批海滨、山居、温泉等不同主题的国际一流的旅游度假区。

（4）全面提升名城、古镇、古村的文化韵味

加强杭州、绍兴、宁波、衢州、临海、金华、嘉兴、湖州、温州、龙泉等国家历史文化名城的文化空间的保护和展示，推进历史文化街区的保护利用、文化遗产展示、演艺活动开展。加强传统城镇肌理、历史形态和空间尺度的管理。挖掘和保护一批文化底蕴丰厚的诗路文化古村，加强诗路村落规划设计。加强农村文物古迹、传统村落、传统建筑、农业遗迹、灌溉工程、古树名木的保护。深入结合饮酒品茗、击鼓踏歌的诗意生活方式，培育特色民宿。

第 4 章　全要素美丽生态环境研究[①]

良好的生态环境是人和社会持续发展的根本基础。本章在详细分析水、大气、土壤、固体废物、海洋等环境要素现状基础和面临压力的前提下，明确美丽浙江生态环境建设的总体目标，并分要素提出美丽生态环境建设的战略任务。

4.1　基础与现状

4.1.1　水环境质量现状

（1）地表水总体水质稳中趋好

2018 年浙江地表水总体水质为良。全省 221 个省控断面中，Ⅰ～Ⅲ类水质断面占 84.6%，Ⅳ类占 13.1%，Ⅴ类占 2.3%；满足水功能区目标水质要求的断面占 89.6%。2011—2018 年，全省地表水水质稳中趋好，2014 年后全省地表水水质呈明显变好趋势，Ⅰ～Ⅲ类水质断面比例稳步上升，劣Ⅴ类水质断面全面消除，同时Ⅴ类水质断面比例有所下降；满足功能要求断面比例逐年提升。

（2）区域、流域间水质差异较大

2018 年各水系中，钱塘江、曹娥江、甬江、瓯江、飞云江、苕溪Ⅰ～Ⅲ类水质断面比例达到 100%，水质为优，鳌江水质为良，京杭运河水质为轻度污染。平原河网水质总体为轻度污染，约三成断面不满足功能区要求。11 个设区市地表水水质差异较大，嘉兴有近五成断面未达到功能区要求。近岸海域水质环境总体较差，水体

---

① 本章主要执笔人：许明珠、朱虹、陈琴、汤博、路瑞、孙亚梅、刘瑞平、卢然、张筝、张箫、牟雪洁、汪丽姝、徐彦颖、朱媛媛、蒋琦清、李志年等。

呈中度富营养化状态，水质分布由北向南逐渐变好。2014—2019 年，近岸海域水质以波动状态好转。

（3）湖泊水库富营养化呈减轻趋势

2018 年，西湖和东钱湖水质为Ⅲ类，南湖水质为Ⅴ类，均不满足功能要求，主要污染指标均为总磷。12 个省控水库水质均为Ⅰ～Ⅲ类，水质优良。湖库营养状况以中营养为主，共有 9 个，轻度富营养化和中度富营养化湖库各 1 个；贫营养湖库有 5 个。

（4）平原河网水质有所好转，但污染仍然严重

2018 年，平原河网水质为Ⅱ～Ⅴ类，总体为轻度污染，不满足功能要求的断面占 31%。主要污染指标为氨氮、总磷和化学需氧量。2013 年以来，平原河网水质总体呈好转趋势，水体中高锰酸盐指数、氨氮和总磷年均浓度均呈下降趋势。

（5）大部分集中式饮用水水源水质优良

全省县级以上城市集中式饮用水水源个数达标率为 94.5%，较 2017 年上升 1.1 个百分点；水量达标率为 97%，较 2017 年上升 0.6 个百分点。存在超标月的水源 5 个，基本为河流型水源，湖库型水源水质明显优于河流型水源。各设区市中，嘉兴市饮用水水源水质相对较差，达标率较低；其余城市饮用水水源水质优良。

（6）近岸海域水质环境总体有所好转

2019 年，水质优良比例为 41.4%，功能区水质达标面积比例近 4.9%。水体呈中度富营养化状态，水质分布由北向南逐渐变好。重要海湾水环境仍污染严重，2019 年，杭州湾、象山港、三门湾、乐清湾的水质均 100%为劣四类。杭州湾海湾生态系统总体处于不健康状态，乐清湾海湾生态系统总体处于亚健康状态。海洋生物资源保护有待加强。2019 年全省近岸海域浮游动物生存环境一般，浮游植物、底栖生物生存环境较差。各重要海湾的浮游植物生境质量等级均为差；杭州湾的浮游动物生境质量等级为差，其他海湾均为一般；象山港的底栖生物生境质量等级为差，其他海湾均为极差。近岸海域沉积物质量总体良好，全省近岸海域沉积物质量级别为优良，各重要海湾沉积物质量级别均为优良。

（7）跨行政区域河流交接断面考核评价结果以优秀为主

2018 年，全省交接断面中Ⅰ～Ⅲ类水质断面比例为 90.3%；与上年相比，Ⅰ～Ⅲ类水质断面比例减少 1.4 个百分点，达标断面比例持平。11 个设区市中，考核结果为优秀和良好的分别为 8 个和 3 个；66 个设区市市区、县（市）考核结果为优。

4.1.2 大气污染防治现状

（1）达标城市比例逐年增加

2019 年，全省 69 个县级以上城市中环境空气质量达到国家二级标准的城市达 52 个，占城市总数的 75.4%。2014—2019 年，达二级标准的县级以上城市比例增加了 63.8%。

（2）日空气质量（AQI）优良天数稳步增加

2019 年，全省县级以上城市日空气质量优良天数比例为 76.7%～100%，平均为 93.1%，较 2014 年上升 14.8 个百分点。

（3）污染物 SO_2、NO_2、PM_{10}、$PM_{2.5}$、CO 浓度呈现总体下降趋势，O_3 浓度处于上升通道

2019 年，全省 69 个县级以上城市 $PM_{2.5}$、PM_{10}、NO_2 和 SO_2 年均浓度分别为 29 $\mu g/m^3$、49 $\mu g/m^3$、24 $\mu g/m^3$ 和 6 $\mu g/m^3$，相比 2014 年分别下降了 40.8%、36.4%、20.0%和 66.7%；CO 日均值第 95 百分位数平均值为 1.0 mg/m^3，相比 2014 年下降了 33.3%；O_3 日最大 8 h 滑动平均浓度第 90 百分位数范围为 89～187 $\mu g/m^3$，平均为 136 $\mu g/m^3$，相较于 2018 年下降了 4.2 个百分点，2014—2019 年增加了 1.5 个百分点。$PM_{2.5}$ 为城市首要污染物，O_3 浓度波动上升，超标情况最为频繁，在夏秋季已成为部分城市的首要污染物。

（4）全省酸雨污染程度有所减轻，但覆盖面仍较广

2019 年，69 个县级以上城市降水 pH 年均值范围为 4.39～6.17，平均为 5.28；酸雨城市 56 个，占 81.2%；酸雨率平均为 57.1%，相较于 2014 年下降了 25.7%。2014—2019 年酸雨类型未发生根本性改变，降水中主要致酸物质仍然是硫酸盐。

总体来看，全省空气质量防治进入 $PM_{2.5}$ 和臭氧协同防控的深水区，能源、产业、交通和用地结构调整的大气污染削减潜力有待进一步释放，VOCs 治理短板亟待补齐。

4.1.3 土壤环境质量现状

浙江土壤环境质量总体状况较好，部分地区存在污染，其中，超标率最高的元素为镉，其次为汞；有机物六六六未超标，滴滴涕存在超标点位。浙江土壤污染超标点位主要分布在东部沿海地区及中北部地区，部分工农业相对发达地区土壤超标点位相对较多，但大部分超标点位属轻微污染，只有少量点位综合污染程度较重。浙江铅蓄电池制造、电镀、制革、化工、印染和造纸等行业企业众多，建设用地土壤污染面积大、范围广，土壤环境风险高。浙江污染地块所属行业以化学原料和化学品制造业为主，金属制造业次之，主要分布在杭州、宁波、温州、绍兴、台州等城市。

4.1.4 固体废物管理基础

浙江基本建立固体废物管理体系。浙江 2013 年启动实施了固体废物“一地一策”制度，要求全省各地以县为单位，摸清底数、查明缺口、明确对策，以设区市为单位填平补齐，目前，各地均已编制并落实了“一地一策”制度。2017 年 7 月，《浙江省静脉产业基地建设行动计划》印发。2018 年 2 月，《关于开展省级静脉产业城市（基地）试点工作的通知》印发。

4.1.5 海洋环境现状

2002—2019 年，四类和劣四类水质海域面积占比之和均高于 47%，呈现“改善—恶化”循环交替的趋势。总体来说，2019 年，近岸海域水质状况总体保持稳定。夏季、秋季海水水质状况优于春季、冬季，基本保持在多年均值水平。劣四类海水主要分布在主要海湾、河口海域，以及沿岸局部区域。海水中主要超标指标为无机氮和活性磷酸盐。

2002—2019 年，杭州湾全海域基本以劣四类海水为主，象山港、三门湾、乐清湾大部分海域基本以劣四类海水为主；海域沉积物质量良好。2002—2017 年，浙江海水增养殖区综合环境质量优良或较好，适宜或较适宜养殖。

4.1.6 生态环境状况指数

根据《生态环境状况评价技术规范》（HJ 192—2015），基于生态环境状况指数（EI），将区域生态环境状况划分为 5 级，即优（EI≥75）、良（55≤EI＜75）、一般（35≤EI＜55）、较差（20≤EI＜35）和差（EI＜20）。2017 年，全省 11 个设区市中，9 个生态环境状况为优，2 个为良，EI 分布在 64.4～87.8，按照 EI 降序排列依次为丽水、台州、衢州、温州、舟山、宁波、金华、杭州、绍兴、湖州和嘉兴。

2017 年，全省 89 个县（市、区）中，58 个生态环境状况为优，29 个为良，2 个为一般。EI 值分布在 47.6～91.0。受生态系统类型、主要生态过程及人类活动等因素的影响，全省生态环境状况空间分布特征明显。浙西南和浙西北区域森林覆盖率高，是浙江生物多样性最为丰富、水源涵养等生态服务功能极重要的区域。该区域人类活动干扰少，污染物排放强度低，生态环境状况指数较高，生态环境状况明显优于浙东北部。浙北为平原河网地区，属于长三角地区的核心区域，开发强度大，生态环境状况指数相对较低。浙中和浙东南区域介于二者之间，生态环境状况居中。生态环境状况为优、良和一般的区域面积分别占全省土地总面积的 83.4%、16.5%和 0.1%。

4.2　压力与挑战

4.2.1　水生态环境

水环境持续向好的基础仍不稳固，距离长江经济带水环境质量第一仍有差距[①]。部分地区基础设施仍然较为薄弱，部分老城区、城乡接合部、城中村的污水纳管不到位，污水收集管网最后 100 m 的问题还未有效解决。个别城市城镇污水管网不完善。雨污分流改造不彻底问题仍然存在，部分管网存在老化、沉降、破裂、错位等情况；农村生活污水处理长效运维体系仍需进一步完善。产业结构偏重，重污染、高耗能产业比重较大。水环境风险防范压力大，集中式饮用水水源地周边交通隐患问题较多。船舶生活污水治理仍需协同推进。

4.2.2　大气环境

空气质量仍需改善，以 $PM_{2.5}$ 和 O_3 为代表的二次污染已经成为阻碍浙江空气质量改善的主要问题。能源结构仍需优化，全省煤炭消费仍居高位，占一次能源消费比重达 46.8%。产业结构仍需调整，部分地区产业结构偏重偏污，部分地区产业布局不够合理，“散乱污”问题仍未得到有效解决。交通运输结构仍需改进，柴油货车污染不可小觑。用地结构仍需优化，施工扬尘管理不到位，秸秆焚烧屡禁不止。VOCs 深化治理难度大，全省 VOCs 排放量较大，在全国位于前列。

4.2.3　土壤环境

土壤污染类型多样化，绍兴市的汞、铜重度污染主要由工矿活动引起，宁波市鄞州区周边的汞、铜、锌重度污染主要由工业活动和生活垃圾等因素引起。工业用地污染风险相对突出，企业分布主要以金属制品业、化学原料和化学品制造业、纺织业为主，土壤环境污染风险大。农用地的监管与污染治理仍需加强。风险管控能力仍较薄弱，土壤污染防治工作基础还较薄弱，土壤监测能力相对滞后，土壤污染监管能力不足。

4.2.4　固体废物

资源化技术有待创新，焚烧飞灰、低品位电镀污泥和部分无机类危险废物还缺乏经

① 长江经济带 11 省市 Ⅰ～Ⅲ类水体比例和劣Ⅴ类水体比例均按照《水污染防治目标责任书》中各省市断面数据进行评价计算。

济可行的利用技术。处置能力存在缺口，呈现区域性、结构性不均衡特征，嘉兴、温州、丽水、杭州处置能力缺口比较大，表面处理污泥、焚烧飞灰、油泥、废盐等危险废物种类的处置能力较为缺乏。市场机制作用未充分发挥，温州、嘉兴、衢州、舟山、台州、丽水 6 市各仅有 1 家集中处置企业。收集网络尚未建立，小微产废企业“量少点多”，收运成本高。

4.2.5 海洋生态环境

近岸海域水环境质量亟待提高，海洋工程、港口海运等沿海开发活动明显增加，陆源入海污染物总量仍居高不下。海洋污染治理区域统筹有待加强，浙江近岸海域水环境污染受外源性影响较大，海水中的氮、磷主要是由长江携带入海的，海洋污染的治理单靠浙江难以完成。海洋环境管理制度亟须完善，海陆分割的管理体制造成浙江海洋环境污染损害状况持续恶化。海洋生态环境治理能力整体偏弱，目前，浙江海洋环境监测存在网络范围和要素覆盖不全、信息化水平和共享程度不高、各级监测经费保障不充分、监测与监管结合不紧密、海洋环境监测整体能力不足等问题。

4.2.6 自然生态系统

重要生态系统保护格局尚未形成，生态保护红线、重要生态功能区和重要生物栖息地等重要生态系统斑块间缺乏生态廊道。森林质量有待提升，中幼林比例仍然较高。森林灾害频发，森林生态系统稳定性不强，森林重要生态系统服务功能水平仍待提升，且 2018 年浙江森林覆盖率为 61.15%，较 2017 年有所降低，森林覆盖率维持稳定难度有所加大。部分湿地水环境仍受到一定的污染，局部地区湿地生态系统退化较为明显，湿地生态修复难度较大，湿地生态保护与修复力度仍需加强。

4.3 全要素美丽生态环境保护重点任务

4.3.1 水生态环境保护的战略任务

（1）深入推进经济发展绿色化

进一步优化空间布局。充分考虑水资源、水环境承载能力，以水定城、以水定地、以水定人、以水定产。鼓励发展节水高效现代农业、低耗水高新技术产业以及生态保护型旅游业。严格控制生态屏障地区和钱塘江、太湖流域等水环境敏感区域高耗水、高污染行业发展，新建、改建、扩建重点行业建设项目实行主要污染物排放减量置换。八大流域干流沿岸严格控制石油加工、化学原料和化学制品制造、医药制造、化学纤维制造、有色金属冶炼、纺织印染等项目环境风险，不得新建高环境风险项目。

深入调整产业结构。依法淘汰落后产能。严格执行国家和省落后生产能力淘汰指导目录。适时修订《浙江省淘汰落后生产能力指导目录》。根据区域产业结构调整的需要，逐步淘汰一批不具有能源资源节约和环保优势、产品附加值较低、相对落后的生产能力。

严格环境准入。按照空间、总量、项目“三位一体”环境准入制度，进一步细化环境准入要求，严格环境准入标准。严守生态保护红线，对饮用水水源保护区、自然保护区等重要生态敏感区依法实施强制性保护。严格执行建设项目环评审批与区域环境质量、污染减排绩效挂钩制度，实行“以新带老”“增产减污”和“区域削减替代”的总量平衡政策和替代削减标准。实施水资源、水环境承载能力监测评价体系，实行承载能力监测预警，已超过承载能力的地区要实施水污染物削减方案，加快调整发展规划和产业结构。

（2）全面推进工业和城镇生活截污纳管

全面推进工业企业、园区和城镇截污纳管。建立完善长效运维机制，基本实现全省污水“应截尽截、应处尽处”。“点、线、面、网”相结合，系统排查建成区内所有排污单位截污纳管情况。厘清问题短板，建立问题清单、任务清单、项目清单和责任清单。深入开展城镇、工业园区和企业内部的雨污分流改造，做到“能分则分、难分必截”。深入推进化工、电镀、造纸、印染、制革等重点行业废水输送明管化改造。全面开展老旧管网修复和改造。结合长远，规划实施一批城镇污水处理厂新建、扩建、改建工程，解决部分地区污水处理设施超负荷运行等突出问题。加强对已建排水设施的日常养护，建立完善已建管网移交和档案管理制度，严格实施管网巡查、检测、清淤和维修等机制，切实落实日常养护、管理责任。

推进污水处理厂清洁排放技术改造。制定实施污水处理厂清洁排放标准，加大污水处理设施配套管网建设力度，逐步形成收集、处理和排放相互配套、协调高效的城镇污水处理系统。设市城市污水处理率达到 95%以上，县城达到 94%以上，建制镇达到 72%以上；全省设区城市再生水利用率达到 15%。加强污水处理设施运行管理，建立和完善污水处理设施第三方运营机制。建立污泥从产生、运输、储存、处置全过程监管体系，污泥无害化处置率保持在 95%以上。

（3）节流提效抓节水

2018—2025 年，以工业和农业节水为重点，以技术研发推广、工程应用建设为主要抓手，进一步提高浙江工业、农业用水效率；2026—2035 年，以监督管理、制度建设为主，辅以技术研发和工程应用，持续提高用水效率，以期达到欧美发达国家水平。

严格控制地下水开采。严格执行杭嘉湖、甬台温地区地下水禁采区、限采区管理制度，建立和落实长效管理机制。建立地下水监测网络，实现地下水动态监测。未经批准的和公共供水管网覆盖范围内的自备水井，一律予以关闭。在地表水供水管网能够满足用水需求时，建设项目自备取水设施禁止取用承压地下水、限期封闭承压地下水井。

切实落实最严格水资源管理制度，控制水资源消耗总量，强化水资源承载能力刚性约束，促进经济发展方式和用水方式转变。持续推进嘉兴、湖州、绍兴、金华、衢州、台州、丽水等万元地区生产总值用水量高于全省平均水平的地市开展节水工作。推进以县域为单元开展水资源承载能力评价工作，建立预警体系，发布预警信息，强化水资源承载能力对经济社会发展的刚性约束，严格控制浙西地区和太湖流域等水环境敏感区域高耗水、高污染行业发展。

推进农业节水，优化调整农业种植结构，大力发展节水农业。衢州、丽水、台州、金华、绍兴、温州等农田灌溉水有效利用系数低于全省平均水平的地市应加快重大农业节水工程建设，加快大中型灌排骨干工程建设与配套改造，加强田间渠系配套、“五小水利”工程建设，完善农田灌排工程体系，大力推进高效节水灌溉“四个百万工程”建设，加快灌区节水改造，扩大管道输水和喷微灌面积，到 2020 年全省高效节水灌溉面积达到 400 万亩以上。

抓好工业节水。开展水平衡测试，严格用水定额管理。以杭州、宁波、绍兴、金华、衢州、舟山等工业用水占比高于全省平均水平的地市为重点，加大对国家、省鼓励的工业节水先进工艺、技术和装备的推广力度，不断提高工业用水效率。加快推进园区循环化改造，以工业用水重复利用、热力和工艺系统节水、工业给水和废水处理等领域为重点，支持企业积极应用减污、节水的先进工艺技术和装备。到 2020 年，电力、钢铁、纺织印染、石化、化工等高耗水行业达到先进定额标准。大力推广工业水循环利用，开展重点行业高耗水企业水平衡测试工作，推进节水型企业、节水型工业园区建设。

加大节水技术集成推广。培育一批专业化节水服务企业，推动开展合同节水示范应用，推进节水和非常规水开发利用领域先进成熟技术成果转化和推广应用。重点推广节水和水循环利用、城市雨水收集利用、再生水安全回用、水生态修复等适用技术。

（4）深化农业生产、农村生活污染防治

持续深化农村生活和农业生产污染防治。进一步提升农村生活污水治理水平。大力推进农村生活污水治理设施标准化运行维护，进一步提升农村生活污水治理设施建设水平。全面实现农村生活污水处理设施建设规范化、运维标准化。推进农业生产绿色化。优化养殖业空间布局，严格落实畜禽和水产养殖禁养区、限养区制度。持续推进养殖业生产清洁化和产业模式生态化。发展农牧紧密结合的生态养殖业，减少畜禽养殖业单位排放量。因地制宜地发展池塘循环水、工业化循环水和稻鱼共生轮作等循环水产养殖模式。积极发展生态健康养殖模式，大力推广配合饲料替代冰冻小鱼养殖。推进种植业绿色生产。以发展现代生态循环农业和开展农业废弃物资源化利用为目标，减少农业种植面源污染。持续推进化肥农药减量增效行动，推广应用测土配方施肥、有机肥替代、统防统治和绿色防控等化肥农药减量技术与模式，持续减少农业面源污染。

（5）加快推进河湖生态保护修复

加快推进河湖生态修复，全面构建生态自然、河通流畅、人水和谐的水网新格局。严格水域岸线用途管制。土地开发利用应按照要求，留足河道、湖泊和滨海地带的管理和保护范围，非法挤占的应限期退出。加强自然河湖、湿地等水源涵养空间保护，稳步实施退耕还湿、退耕还滩、退养还滩，恢复河湖水系的自然连通。统筹开展生态河道建设。科学开展水生生物增殖放流，保护水生生物多样性。推进河道综合整治，构建江河生态廊道。结合城市防洪工程建设、河道堤防提标加固、沿河村镇环境改造、小流域综合治理、休闲旅游设施建设，逐步推进全流域河道综合治理。加强滨河（湖）带生态建设，实施河湖生态缓冲带综合整治，强化缓冲带对河湖的生态保护功能。通过水系连通、水岸环境整治及基础设施配套，建设生态河流、防洪堤坝、健身绿道、彩色林带，有机串联沿线的特色村镇、休闲农园、文化古迹和自然景观，着力构筑集生态保护、休闲观光、文化体验、绿色产业于一体的流域生态廊道。持续推进水土流失治理。加强水土流失重点预防区域、重点治理区的水土流失预防监督和综合治理，开展封育治理、坡耕地治理、沟壑治理以及水土保持林种植等综合治理措施，开展生态清洁型小流域建设，维护河湖源头生态环境。全面实施河湖库塘清淤。全面开展河湖库塘清污（淤）工作，与河道综合整治、池塘整治、城区河道清淤、航道清淤、重大工程等相结合，推进生态清淤、淤泥脱水、垃圾分离、余水循环处理的一体化、流程化，有效清除河湖库塘污泥。全过程监管饮用水安全。建立饮用水水源地水质生物预警监测系统，建立饮用水水源保护区矢量数据库，完善饮用水水源长效管护机制。积极推进城市应急备用饮用水水源地建设，实施农民饮用水达标提标行动。

（6）严格防控水环境风险

严格环境风险源头防控。结合细化的控制单元，参照《行政区域突发环境事件风险评估推荐方法》，开展控制单元环境风险评估，识别风险源、风险受体等，划定高风险、较高风险控制单元，从严制定环境风险防控措施并予以落实。

强化行业企业风险管控。加强区域开发和项目建设的环境风险评价，重点加大萧山和绍兴印染化工行业、宁波化工和临港产业、衢州化工行业、台州医化行业、丽水合成革行业等行业企业环境风险防控，按要求设置生态隔离带，建设相应的防护工程。强化水上危化品运输安全环保监管和船舶溢油风险防范，实施船舶环境风险全程跟踪监管。严格控制八大流域干流沿岸化学原料和化学制品制造、有色金属冶炼等项目环境风险。

强化应急管理。重点开展石油化工、危险化学品生产、有色金属冶炼等重点工业企业环境应急预案编制、评估、修订、备案等工作，实现预案的及时更新和动态管理；定期组织应急预案演练。加强重点领域环境风险管理，对涉及重金属、高环境危害和高健康风险化学物质、危险废物、持久性有机物等的相关行业实行全过程环境风险管理。建立全方位的突发环境事件预防和预警体系，加强突发环境事件全过程管理。

（7）加强水生态保护

保护和恢复水生生物。2025 年年底前，全面排查八大水系干流、重要支流和附属水体，调查鱼类、水生哺乳动物、底栖动物、水生植物、浮游生物等物种的组成、分布和种群数量，对水生生物受威胁状况进行全面评估，明确亟须保护的生态系统、物种和重要区域；建立水生生物多样性观测网络，掌握重要水生生物动态变化情况，依据科学的评估结果，制定 2030 年和 2035 年目标。规范水域开发，加强对水利水电、挖砂采石、航道疏浚、城乡建设、岸线利用等涉水工程的规范化管理，严格执行环境影响评价制度，对水生生物资源、生态环境造成破坏的，建设单位应当采取相应的保护和补偿措施。到 2035 年，实现水生态指标可监测、可量化、可考核，水生态系统良性循环。

维护湿地面积和水面率。根据湿地全面保护的要求，划定并严守湿地生态红线，对湿地实行分级管理，实现湿地总量控制，到 2020 年，浙江湿地面积不低于 111.01 万 hm^2，2021—2035 年湿地面积不减少。调查浙江水域现状，分析水域开发利用中存在的问题，衔接江河流域规划、城市总体规划、土地利用规划等，维护水域功能，加强水域保护，2021—2035 年，控制浙江水面率不低于 6.1%。

保护和合理退还河湖生态空间。加强对水源涵养区、蓄洪滞涝区、滨河滨湖带等水生态空间的保护，在保护区边界设立明确的地理界标和警示标志，强化入河湖排污口监管和整治，维护良好的水生态空间。划定河湖水域岸线功能区，严格空间用途管制，因势利导改造渠化河道，重塑健康自然的弯曲河岸线，为生物提供多样性生存环境。在水资源条件具备的地区，因地制宜实现河湖水系的自然连通，促进水生态保护。严格控制与水生态保护无关的开发活动，积极腾退受侵占的高价值生态区域，大力保护修复沿河环湖湿地生态系统，提高水环境承载能力。到 2025 年，完成流域面积在 50 km^2 及以上河流、常年水面面积在 1 km^2 及以上湖泊管理范围划定，建立并完善河湖水域岸线用途管制制度，基本保障现有湿地面积不萎缩，河湖生态空间得到全面保护和有效恢复。

4.3.2　大气污染防治战略任务

（1）优化调整产业结构，构建绿色低碳产业体系

一是要严控“两高”行业产能。严格限制钢铁、焦化、电解铝、铸造、水泥、平板玻璃等高污染、高耗能产业产能。不断加大落后产能淘汰和过剩产能压减力度。

二是大力发展绿色低碳产业。以绿色低碳技术创新和应用为重点，加快推进绿色低碳产业体系建设。积极发展新能源汽车、先进核电、可再生能源、高效储能、智能电网及智慧能源等领域，推动产业向价值链高端发展。培育绿色环保产业，发展节能环保、清洁生产、清洁能源产业。

三是要优化产业布局。引导全省重点产业合理布局，不断严格环境准入。提高第三产业的比重，降低经济增长对第二产业的依赖，实现产业结构轻量化。加大力度降低高耗能工业在经济总量中的比重。严禁新增钢铁、水泥、石化产能，严格执行产能置换办法，同时禁止落后淘汰产能向中西部地区转移。结合钢铁、水泥、平板玻璃、煤炭等行业供给侧结构性改革，加快淘汰污染重、能耗高、规模小、效益差的落后生产工艺。加快钢铁、焦化、化工等产能退出。结合工业园区建设和工业企业入园，加大城市建成区内重污染企业搬迁改造或退出力度，2025 年前基本完成地级及以上城市建成区内重污染企业退城或关停。

四是持续开展“散乱污”企业及集群综合整治行动。建立完善“散乱污”企业及集群管理台账的实时更新制度，加强“散乱污”企业动态管理机制，坚决杜绝“散乱污”企业项目异地转移、死灰复燃。

（2）优化调整能源结构，构建清洁低碳能源体系

一是大力发展清洁能源。2017 年，广东的煤炭消费占比较浙江低 10.3 个百分点，而天然气消费占比较浙江高 2.4 个百分点，广东非化石能源电量占全社会用电量的比例约为 43.5%，而浙江仅为 18%，因此浙江清洁能源消费量明显低于广东。为确保空气质量改善目标的实现，浙江应当持续、深入推进清洁能源示范省建设，严格控制煤炭消费总量，提升天然气及非化石能源占能源消费总量的比重。

二是控制煤炭消费总量。严格控制新建耗煤项目，实施煤炭减量替代。持续推进煤炭集中使用、清洁利用，重点削减非电力用煤量，提高电力用煤比例。大力推进煤炭清洁利用，加快现役煤电机组升级改造，新建大型机组采用超临界等最先进的发电技术，建设高效、超低排放煤电机组，建立世界最清洁的煤电体系。在钢铁、水泥等重点行业以及锅炉、窑炉等重点领域推广煤炭清洁高效利用技术和设备。加大燃煤锅炉淘汰力度，到 2020 年，全面淘汰 10 蒸吨/h 以下燃煤锅炉，基本淘汰 35 蒸吨/h 以下燃煤锅炉。

三是深入开展燃煤锅炉综合整治。严格实施行业规范和锅炉的环保、能耗等标准，不断提高高污染燃料锅炉淘汰标准，深入推进高污染燃料锅炉超低排放改造。

四是提高能源利用效率。加强能源消费总量和能源消费强度双控，不断提高非化石能源占一次能源消费比重和单位生产总值能耗，提升能源管理信息化水平，加强能耗监管，严格按照国际先进能效标准建设新增产能项目。

（3）优化调整运输结构，构建绿色交通运输体系

一是调整优化运力结构。不断提高铁路、水路货运量。加快调整运输结构。增加铁路和水路货运量，减少公路大宗货物中长距离货运量。推广使用新能源和清洁能源汽车，壮大绿色运输车队。优化运输组织，提高运输效率，降低柴油货车空驶率。推进机动车生产制造、排放检验、维修治理和运输企业集约化发展。

二是加快车船结构升级。推广使用新能源汽车，提高浙江公交、环卫、邮政、出租、通勤、轻型物流配送车辆使用新能源或清洁能源汽车比例，加快集中式充电桩和快速充电桩建设。持续开展老旧车辆和老旧船舶淘汰工作。推广使用新能源汽车，适宜领域使用新能源或清洁能源汽车比例达到 80%；城市建成区公交车基本更换为新能源汽车。加快淘汰采用稀薄燃烧技术和“油改气”的老旧燃气车辆，淘汰国III及以下排放标准营运的中型和重型柴油货车。实施更加严格的汽车排放标准、船舶排放标准，供应符合排放标准的车用汽柴油。推广使用电、天然气等新能源或清洁能源船舶。鼓励淘汰老旧内河航运船舶。

三是加强移动源污染排放控制。以机动车超标排放信息数据库建设为载体，实现机动车排气全链条监管。严格管控高排放非道路移动机械，持续推进高能耗、高污染非道路移动机械淘汰和清洁化改造。加快港口码头和机场岸电设施建设，不断提高岸电设施使用率。港口、机场新增和更换的作业机械全部采用清洁能源。

四是不断提升燃油品质。严厉打击违法生产、销售、储存和使用假劣非标油品现象。

五是持续推进油气回收治理。持续开展加油站、原油和成品油码头、船舶油气监控和回收治理，新建的原油、汽油、石脑油等装船作业码头和加油站安装油气回收设施。

（4）优化调整用地结构，构建绿色施工、低碳农业体系

一是加强扬尘综合治理。严格施工扬尘监管，各类施工场地严格按标准实施工地周边围挡、物料堆放覆盖、土方开挖湿法作业、路面硬化、出入车辆清洗、渣土车辆密闭运输和暂不开发土地临时绿化等措施。强化道路扬尘治理，不断提高道路机械化清扫率。加强堆场扬尘治理，规范各铁路和公路货运站、港口码头以及其他物流露天堆场，采取有效措施减少扬尘污染。不断提高装配式建筑占新建建筑总量的比例。

二是持续推进露天矿山综合整治和绿化工程。持续推广保护性耕作、林间覆盖等方

式，抑制季节性裸地农田扬尘。不断开展森林城市建设，建设城市绿道绿廊，大力提高城市建成区绿化覆盖率。

三是加强秸秆综合利用和氨排放控制。切实加强秸秆禁烧管控，强化地方各级政府秸秆禁烧主体责任。重点区域建立网格化监管制度，在夏收和秋收阶段开展秸秆禁烧专项巡查。严防因秸秆露天焚烧造成区域性重污染天气。坚持堵疏结合，加大政策支持力度，全面加强秸秆综合利用。

四是控制农业源氨排放。减少化肥农药施用量，增加有机肥使用量，实现化肥农药施用量负增长。提高化肥利用率。强化畜禽粪污资源化利用，改善养殖场通风环境，提高畜禽粪污综合利用率，减少氨挥发排放。

（5）深入治理工业废气，构建绿色制造体系

坚持全面推进与突出重点相结合，实施总量控制，不断推进全面达标排放。鼓励制定更严格的相关行业标准和地方标准，全面实施钢铁、水泥、玻璃等重点行业超低排放改造，加强企业污染排放监控监测。严格执行挥发性有机物相关排放标准，以石化、化工、涂装、合成革、纺织印染、橡胶塑料制品、印刷包装、化纤、制鞋、储运等行业为重点，持续深入开展 VOCs 污染治理。加强源头控制，涉 VOC 重点行业优先使用 VOCs 含量低的原辅料。严格无组织排放控制，鼓励采用国际国内先进生产设备和工艺，采取密闭、加强有效收集等措施，削减 VOCs 无组织排放。持续推进工业园区挥发性有机物集中整治，推广集中喷涂、溶剂集中回收、活性炭集中再生等，加强资源共享，提高 VOCs 治理效率。深入推进工业炉窑治理，动态更新各类工业炉窑管理清单，有序实施工业炉窑秋冬季错峰生产方案。

（6）提升大气环境监管能力

加强区域联防联控和重污染天气应对。积极参与长三角区域大气污染联防联控联治，严格实施区域应急联动机制。完善应急预案，明确政府、部门及企业的应急责任，科学确定重污染天气期间管控措施和污染源减排清单。加强预测预警、信息发布、应急响应，提前采取应急减排措施，指导公众做好重污染天气健康防护。继续提升省级预报中心重污染天气预报能力。严格落实国家采暖季节钢铁、焦化、建材、铸造、电解铝、化工等重点行业企业错峰生产，重污染天气期间钢铁、焦化、有色、电力、化工等涉及大宗原材料及产品运输的重点企业错峰运输和施工工地扬尘管控要求。到 2020 年，设区城市重污染天数比 2015 年减少 25%。做好重大活动环境空气质量保障工作。

提升大气环境监管能力。健全大气复合污染立体监测网络，推动空气质量自动监测向乡镇一级覆盖，推进清新空气（负氧离子）监测网络体系建设，为空气质量的长期持续改善提供观测数据支持。强化科技支撑能力建设，加大生态环境治理重大项目科技攻

关，提升污染源监管、污染调控、区域重污染应对等方面的技术支撑能力，建设完善管理技术支持平台。充分利用大数据分析、信息化手段，提高管理效率和工作成效。从省级到地市、区县、企业以不同形式开展培训，提高各级人员的管理水平和能力。大力推行环境污染第三方治理，推广政府和社会资本合作治理模式。

4.3.3 土壤风险管控战略任务

（1）健全法规标准政策体系

研究并适时出台《浙江省土壤污染防治条例》。完善污染地块、农用地、工矿企业用地等方面的标准规范。按照《中华人民共和国土壤污染防治法》新要求，协同国家配套政策出台进度，适时修订或出台全省相应政策制度。完善土壤污染防治推进机制，完善污染地块的部门联动监管机制；完善土壤污染防治行业监管制度；完善土壤污染风险评估制度；完善土壤环境监测和管理制度。

（2）掌握土壤环境质量状况

开展土壤环境质量调查。实施全省土壤环境质量调查工作方案，开展土壤污染状况详查，建立周期性的土壤环境状况调查制度，形成一次调查、各方共享、长期使用的良性机制，为准确研判土壤环境质量变化趋势提供依据。

完善土壤环境监测网络。加强统一规划与整合优化，建立覆盖全省的土壤环境监测网络。制定涵盖有益元素、有害物质、地力、理化特性的农用地土壤监测标准规范。制定“常规+特征”的重点企业用地土壤污染物监测指标体系。

实现土壤环境管理信息化。推进全省自然资源部门土地质量地质调查数据库、农业部门农田土壤重金属污染信息决策管理与支持服务系统、生态环境部门污染地块数据库等的信息共享，编制数据资源共享目录，实现经常性的数据和信息交换，逐步形成土壤环境管理信息化平台。

（3）强化源头预防和保护优先

严控新增土壤污染。合理布局工业企业分布，研究土壤污染重点行业准入政策和发展限制政策，探索税费扶持、土地资金优惠、信贷优惠等政策，鼓励企业搬迁、淘汰重污染生产工艺或设备等，促进产业结构优化升级。整合生态环境、自然资源、农业农村等部门相关数据，结合土壤地理学、地球化学、统计概率学、人工智能等手段，开展土壤污染源解析，识别区域土壤污染物的类型、来源及贡献，建立土壤污染物排放清单，分类制定污染防控策略。

加强工矿用地土壤污染防治。深入实施涉镉等重金属行业排查整治和行业治理，深化重金属污染综合防治。落实在产企业污染防治要求。组织各地按年度更新发布土壤环境污染重点监管单位名单，督促重点单位落实建设项目环节用地土壤调查、企业用地年度自行监测、地下储罐排查报备、拆除活动污染防治等要求。根据国家详查数据应用有关要求，适时开展对农用地详查数据成果的深度分析，逐步形成更为全面和准确的重点污染源清单，为全面治理涉土污染源头提供依据。

开展涉重金属行业企业深度排查整治。结合涉镉行业企业排查整治工作开展情况，全方位开展涉重金属行业企业排查整治，建立污染源排查清单，2022 年年底前完成。按照涉重金属行业企业排查清单，深入开展污染源整治、农田“断源行动”，2025 年年底前完成。对前期整治不到位、整治进展滞后的，责令相关企业继续开展整治或依法责令停业、关闭。

落实重点行业企业排污许可制度。制定浙江省排污许可管理名录，分行业推进排污许可管理，逐步实现排污许可证全覆盖。推进排污许可制度与各项环境管理制度的衔接融合，开展固定污染源清理整顿和已发行业执法检查，对无证和不按证排污企业实施严厉处罚，强化证后监管。逐步实现系统化、科学化、法制化、精细化、信息化的排污许可证“一证式”管理新模式。

加强重点行业企业拆除活动监管。重点行业企业拆除生产设施设备、建（构）筑物和污染治理设施等时，拆除活动业主单位在拆除活动施工前，按照国家相关技术规范，组织识别和分析拆除活动可能污染土壤、水和大气的风险点，以及周边环境敏感点，并编制企业拆除活动污染防治方案和拆除活动突发环境应急预案，重点防止拆除活动中的废水、固体废物，以及遗留物料和残留污染物污染土壤。实施过程中，应当根据现场情况和土壤、水、大气等污染防治需要，及时完善和调整企业拆除活动污染防治方案。

加强农业面源土壤污染防治。持续推进化肥农药减量、控害、增效工作，加强商品有机肥生产环节监控，严禁工业集中式污水处理厂和造纸、制革、印染等行业的污泥，以及生活垃圾、工业废物和未检测或经检测不合格的河湖库塘淤泥用于商品有机肥生产。加大畜禽养殖污染防治力度，加强灌溉水水质管理，完善农药废弃包装物和废弃农膜的回收体系。从源头上控制面源污染问题。

加强未利用地保护。严守生态保护红线，严格限制各类开发活动，维持生态保障服务功能。加强未利用地开发管理，按照以质量定用途的原则，合理确定开发用途和开发强度。禁止在居民区、学校、疗养和养老机构等敏感区域周边新建、改建、扩建可能造成土壤污染的建设项目。

（4）创新土壤环境管理体制机制

探索“土长制”监管模式。整合土壤环境监管、农业面源污染控制、工业固体废物防治、危险废物监管、地下水污染监管、重金属污染防治、生活垃圾处置等，建立自上而下的土壤环境管理体制。2025年年底前，建立省、市、县、乡、村五级土壤环境监管网格。将土壤环境监管执法作为各级网格的重要内容，定期开展专项执法。提升土壤环境监管能力，建立省、市、县三级土壤环境监管监测培训制度，加强土壤污染防治项目库、风险管控、治理修复等重点任务的培训；完善各级土壤环境管理技术支撑团队建设，为政府决策、重大项目开展提供技术支持。

建立建设用地土壤污染风险管控和修复名录制度。结合土壤污染状况详查、建设用地土壤环境调查评估结果等，建立本行政区域建设用地土壤污染风险管控和修复名录，并根据风险管控、修复情况适时更新。对建设用地土壤污染风险管控和修复名录中的污染地块，综合考虑污染物类型、污染物浓度、周边敏感源距离、再开发利用计划等，对污染地块进行风险分级，对风险较高的地块优先采取风险管控或治理修复措施。制定建设用地土壤污染风险管控和修复名录管理规定，明确名录中地块进入、风险管控、修复、监测、效果评估、移出等要求。开展污染地块风险管控和修复责任认定和划分，制定责任追究办法。对实施风险管控的污染地块，督促土壤污染责任人按照国家有关规定以及土壤污染风险评估报告的要求，采取划定隔离区域、开展土壤及地下水污染状况监测等风险管控措施。对需要实施修复的地块，土壤污染责任人应当结合土地利用总体规划和城乡规划编制修复方案，报地方人民政府生态环境主管部门备案并实施。对达到土壤污染风险评估报告确定的风险管控、修复目标的建设用地地块，土壤污染责任人、土地使用权人可以申请省级人民政府生态环境主管部门移出建设用地土壤污染风险管控和修复名录。

建立土壤污染防治基金制度。结合浙江省环保专项资金，整合国家财政拨款、土地出让收益金、环境税等资金，初步建立土壤污染防治基金。发挥基金的引导催化功能，通过基金利息收益、行政罚款、绿色债券、绿色保险等引导社会金融资本进入环保领域，形成多元化的资金投入模式，并通过基金的引领作用，带动土壤修复产业发展，实现部分基金资金增值盈利，确保基金的有效稳定补充。

建立土壤生态损害赔偿制度。深入落实“污染者付费”制度，在土壤环境损害鉴定基础上，探索土壤污染损害赔偿制度，制定土壤污损害赔偿相关规定和标准，对造成生产、环境和人身损害的土壤污染责任人，依据伤害程度，收取相应补偿资金，用于环境治理修复或作为人身损害赔偿金。

建立土壤生态保护补偿制度。对因保护耕地土壤而放弃本区域开发建设获取更高经济收益的地方政府，或为国家提供粮食安全保障的单个经济主体，给予一定经济补偿。建立多元化补偿方式，减少区域间发展不平衡，避免造成耕地资源浪费。

（5）推进土壤治理体系和治理能力现代化建设

完善各级土壤环境管理技术支撑团队建设，加强土壤环境管理机构、人员和基础能力投入，提升基层土壤监督执法能力，为政府决策、重大项目开展提供技术支持。到 2025 年年底前，各级生态环境部门均成立专门的土壤环境管理机构，配备专职土壤环境管理人员。

创新监管手段和机制，探索使用地理信息系统、卫星遥感、大数据等高科技手段，加强多源数据融合，构建土壤污染风险清单，加大违规开发和污染防治的监管力度。

（6）建设风险管控和修复体系

农业用地分类管控和修复体系。落实国家农用地土壤环境质量类别划定要求，结合全省耕地质量等级评定，划分优先保护、安全利用和严格管控 3 类耕地范围。根据环境质量类别，采取分类管控措施。优先保护类耕地要纳入永久基本农田示范区，实行严格保护。安全利用类耕地要综合采取农艺调控、替代种植措施，降低农产品超标风险，并积极开展治理修复。严格管控类耕地要依法划定特定农产品禁止生产区域，对污染严重且难以修复的，要及时退耕还林或调整用地功能。加强重度污染土地产出的食用农（林）产品质量检测，发现超标的，要及时采取调整种植结构等措施。

建设用地风险管控和修复体系。实行建设用地土壤污染风险管控和修复名录制度。加强关停企业用地土壤环境监管。按照“应纳入尽纳入”的要求，组织各地生态环境部门将重点行业关停企业原址地块按要求纳入疑似污染地块名录和污染地块名录，督促落实开发利用前的调查评估、风险管控和治理修复要求。完善全省污染地块管理信息系统，加强与自然资源主管部门相关数据库的对接，逐步实现污染地块空间信息与国土空间规划“一张图”，提高信息共享覆盖面和效率，推动自然资源主管部门在规划、土地管理等环节落实污染地块开发利用监管要求。扎实推动重点污染地块治理修复，加强污染地块治理修复工程的环境监管，建立已修复地块长期风险管理体系。

（7）推动土壤资源永续利用

开展土壤生态环境功能评估。开展土壤资源价值核算，综合考虑环境承载力和农业发展基础，优化农业产业结构和区域布局，以农业产业发展带动土壤环境保护。开展土壤环境承载力研究，探索建立土壤生态系统评价指标体系，构建土壤环境功能区划指标体系。整合自然资源、农业农村、生态环境土壤监测网络，建立土壤环境功能区污染预防预警机制，定期开展土壤污染趋势研判。

加强土壤资源保护和修复。探索土壤生态产品供给模式，实施生态农业工程，加强土壤生物多样性保护，保持和提升土壤生产功能和生态功能。针对受污染土壤，开展受损自然生态系统修复，加强土壤后备资源储备。推动土壤资源有效利用，加强对开发建设过程中剥离表土的保护和利用，集约利用城镇土壤。

4.3.4 固体废物污染防治战略任务

（1）源头减量化

严格落实空间管控要求，科学布局生产和生活空间。加快传统产业改造提升，禁止新增化工园区，严格控制新建、扩建固体废物产生量大、区域难以实现有效综合利用和无害化处置的项目。加强产生固体废物的重点行业的整治提升，加快淘汰、搬迁、改造一批工艺落后、固体废物产生量大的企业；鼓励工业固体废物产生量大的企业在场内开展综合利用处置，有效减少源头固体废物产生量；严格按照建设项目环评及批复、危险废物管理计划要求落实固体废物减量化措施，明确工业固体废物利用处置去向，确保可行性；全面落实生活垃圾收费制度，推行垃圾计量收费。建立健全农膜市场准入制度，从源头上保障农膜的可回收性。大力推动资源节约，打造循环经济产业链，发展共享经济。形成绿色生产生活方式，全面开展绿色矿山建设，大力推行绿色设计，提高产品可拆解性、可回收性，减少有毒有害原辅料使用，推行绿色供应链管理，创建绿色商场，培育一批应用节能技术、销售绿色产品、提供绿色服务的绿色流通主体。加快推进快递业绿色包装应用，推广绿色建筑建设，提倡绿色构造、绿色施工、绿色室内装修。

（2）分类资源化

大力拓宽工业固体废物综合利用渠道。开展静脉产业基地建设，提升工业固体废物综合利用率，促进固体废物资源利用园区化、规模化和产业化。打造工业固体废物“回收网络化、服务便民化、分拣工厂化、利用高效化、监管信息化”回收利用体系，促进再生资源就地回收利用。构建工业固体废物资源综合利用评价机制，制定出台工业固体废物资源综合利用财税扶持政策。

加快推动生活垃圾资源化利用。推广城乡生活垃圾可回收物利用、焚烧发电、生物处理等资源化利用方式。促进餐厨垃圾资源化利用，拓宽产品出路。引导鼓励回收龙头企业向集约化、规模化方向发展。

统筹推进建筑垃圾资源化利用。开展存量治理和生态修复。积极推动建筑垃圾的精细化分类及分质利用，推动建筑垃圾生产再生骨料等建材制品、筑路材料和回填利用，推广成分复杂的建筑垃圾资源化成套工艺及装备的应用，完善收集、清运、分拣和再利用的一体化回收利用系统。建立健全建筑垃圾资源化利用产品认证标准体系，明确适用场景、应用领域等，提高建筑垃圾资源化再生产品质量。

着力提升农业废弃物资源化利用水平。以种养循环为重点，实施“废物循环”工程，推动畜禽粪污就近就地综合利用。以生产秸秆有机肥、优质粗饲料产品、固化成型燃料、沼气或生物天然气、食用菌基料和育秧、育苗基料，生产秸秆板材和墙体材料为主要技术路线，建立肥料化、饲料化、燃料化、基料化、原料化等多途径利用模式。

（3）处置无害化

坚持污染物“谁产生谁负责”“谁产生谁治理”的原则，延长产生者的责任追究链条，巩固污染治理成果，促使产生者从源头做好生态设计，推进源头减量，推动无害化利用处置。固体废物利用处置单位应严格落实相关污染防治要求，确保污染防治设施正常运行，严防二次污染。开展危险废物利用处置行业企业整治提升行动，建设长效管理机制。抓好垃圾焚烧飞灰规范化处置，重点推广应用列入《国家先进污染防治技术目录（固体废物处理处置领域）》（2017 年）的飞灰水洗脱氯结晶并水泥窑协同处置工艺。强化固体废物综合利用后产品的标准及监管制度建设。

（4）实施闭环式管理

建立健全收集体系。根据固体废物性质和种类，建立健全工业固体废物、医疗废物、生活垃圾、建筑垃圾、废弃家电、电子废物、农业废弃物、农药废弃包装物、病死畜禽等全域固体废物分类收集网络和机制。加强海域范围固体废物收集管理，健全海陆对接机制，建立完善船舶污染物接收、转运、处置联单制。以铅酸蓄电池、动力电池、电器电子产品、汽车为重点，推广落实废弃产品生产者责任延伸制，建立逆向回收体系。推广小箱进大箱回收医疗废物做法，建立完善城乡医疗废物收集、运输、登记、管理机制，实现医疗废物集中收集网络体系全覆盖。建立政府引导、企业主导、农户参与的农业废弃物收集体系，推行废旧农膜分类回收处理。建立生活垃圾强制分类收集体系，以“易腐垃圾、可回收物、有害垃圾、其他垃圾”为基本分类标准，建立生活垃圾强制分类收集制度。

加大转运环节管控力度。加强运输车辆和从业人员管理，严格执行固体废物转移交接记录制度，强化运输过程二次污染风险防控。加强运输车辆管理，强化从业人员培训，落实转运过程污染防治措施，严格执行固体废物转移交接记录制度。依法严格控制跨省转出利用处置，切实强化运输过程中风险防控，严控长距离运输。严查无危险货物道路运输资质从事危险废物运输的行为，严控产废单位将处置费用直接交付运输单位或个人并委托其全权处置固体废物的行为，加强重点对象固体废物的产生、转移、利用处置和资金往来情况审计。

建立完善管理制度体系。制定出台针对危险废物、一般工业固体废物、生活垃圾、建筑垃圾、农业废弃物等固体废物的管理办法，确立一整套强化固体废物全过程管理的政策体系和标准体系，夯实管理基础。督促企业建立固体废物产生种类、属性、数量、去向等信息核查管理制度。严格落实危险废物规范化管理考核制度，重点抓好工业危险废物分类贮存规范化管理。强化医疗废物源头分类管理制度建设，重点提升医疗卫生机构未被污染的一次性输液瓶（袋）规范化管理水平。明确政府污染防治监管主体责任，进一步夯实“管行业必须管环保、管发展必须管环保、管生产必须管环保”的理念，建立健全部门责任清单，健全长效机制，将各地各部门齐抓共管的良好工作格局制度化。

全面构建管理手段信息化体系。从“生产源头、转移过程、处置末端”3个环节重点突破，搭建便捷高效的可监控、可预警、可追溯、可共享、可评估的浙江省固体废物信息管理系统，单位全部纳入系统管理，实现所有固体废物产生和利用处置管理台账、转移联单电子化，强化固体废物全过程监管。推广信息监控、数据扫描、车载卫星定位系统和电子锁等手段，推动固体废物转运环节信息化监管能力建设。生活垃圾焚烧企业全面实施“装、树、联”，强化信息公开，确保达标排放。打造与全国系统相衔接的浙江省固体废物监管平台。实现跨部门、跨层级、跨领域的数据共享与平台互联互通。充分发挥“智慧城市”优势，基于物联网、人工智能等信息化技术，推动固体废物治理体系和治理能力现代化，着力打造监管“一张网”。

持续加大执法力度。落实固体废物违法有奖举报制度，督促村镇建立完善网格化的巡查机制，推动形成固体废物违法案件快速发现的群防群治体系。开展专项执法行动，严厉打击违法倾倒固体废物行为。强化行政执法与刑事司法协调联动，对违法案件综合运用按日连续处罚、查封扣押、限产停产等手段依法从严查处。主动曝光环境违法犯罪典型案件，实施环境违法黑名单和产业禁入制度，合力构建实施严惩重罚制度体系，形成环境执法高压震慑态势。

（5）提升治理能力

加快补齐固体废物处置能力缺口。切实加大危险废物、一般工业固体废物、生活垃圾、建筑垃圾、农业废弃物等固体废物处置设施建设力度，将固体废物处置设施纳入城市基础设施和公共设施范畴，形成规划“一张图”，统筹推进解决固体废物处置出路问题。积极推动工业固体废物、生活垃圾、建筑垃圾、农业废弃物等各类固体废物处理设施的共建共享，建立工业垃圾与生活垃圾处置设施调剂协调机制，畅通处置出路，提高利用处置设施利用效率。强化地方政府医疗废物集中处置设施建设主体责任，推动医疗废物集中处置体系覆盖各级各类医疗卫生机构。

充分发挥市场配置资源的主体作用。强化政府监管，建立各类固体废物处置价格的动态调整机制，规范各类固体废物处置价格指导价管理。充分利用市场经济机制，通过对供求关系的宏观调控推动处置价格合理化，构建就地就近、价格合理、途径便捷的利用处置渠道，构建“技术先进、管理规范、能力富余、充分竞争”的全种类固体废物综合利用处置体系。

4.3.5　海洋环境保护战略任务

（1）开展陆源污染治理行动，严控陆源污染入海

严格控制总氮、总磷排放。入海河流实施总氮、总磷控制，研究拟订入海河流（溪闸）的陆源污染物排海总量控制计划，逐步深化入海河流总氮、总磷减排工作，进一步落实小流域各单元减排指标和任务。在钱塘江流域实施总氮、总磷浓度控制试点，2020 年起主要入海河流、溪闸总氮、总磷浓度控制纳入“美丽浙江”考核体系指标。按照依法持证排污要求，开展总氮污染防治，同时积极推动总磷减排。实施总氮、总磷全域减排。全面提升面源污染防控水平。坚持水环境治理、水资源管控和水生态保护“三水联动”，切实防控总氮、总磷面源排放。巩固剿灭劣Ⅴ类水和消除黑臭水体成果，全面压实河（湖）长制，以“污水零直排区”建设为抓手，确保水环境长治久清。鼓励施用有机肥。探索基于控制单元的差别化流域水环境管理政策，实施控制单元水质达标（保持、稳定）方案，实施重点流域水污染防治计划。开展入海污染源排查，进一步摸清入海污染源底数。全面完成入海排污口整治提升。坚持“一口一策”，分类攻坚。全面消除污水未经处理直接排海现象，全面清理“两类排污口”（非法排污口和设置不合理排污口），最大限度地削减入海排污口数量。建立部门协作机制，加强入海排污口清单管理和设置审查审批，提升入海物质处理水平和排污监管能力。强化陆上执法和海上监测联动监管，实现入海排污口在线监测全覆盖。按照属地原则建立入海排污口公示公开制度，定期公布入海排污口信息达标情况，接受社会监督。强化污水处理设施运维和管理，推动各类污水处理设施向公众开放。狠抓重污染行业和沿海工业园区污染防治。全面规范排海污染源企业。按照“整治一批、提升一批、示范一批”的思路，推动重点污染企业实施清洁生产改造，提升生产工艺和装备技术水平，提升水资源利用和污染防治水平。研究出台重点行业和沿海工业园区循环化改造和整合整治提升标准。严格控制各类危险化学品污染，按陆海统筹考虑科学设置生态隔离带，建设相应的防护工程，严格防范环境健康风险，建立工业直排海污染物长效监管机制。

（2）开展海域污染治理行动，严控入海排污量

推进海水养殖污染治理。全面实施县域养殖水域滩涂规划，依法落实禁（限）养区和生态红线区管控措施。严格限制滩涂和近岸小网箱养殖规模，清退围垦区非法养殖项目，鼓励网箱养殖走向深水。按照“转产一批、改造一批、提升一批”的目标，减近岸，拓远海。深化海水养殖绿色转型，鼓励各地因地制宜地推进水产养殖尾水生态化治理，全面落实对海水养殖集中区域养殖尾水监测。加强船舶港口污染控制。严格执行《船舶水污染物排放控制标准》，推动船舶加装船载收集装置和接收设施。推进港口码头船舶

污染物接收处置设施建设。做好船、港、城设施合理匹配，确保污水、废弃物转运畅通。开展美丽渔港建设行动。启动渔港污染防治设施建设和升级改造，落实渔港污染防治监督管理水平。强化属地管理，严格依港管船，建立渔港油污、垃圾回收和转运制度。全面实施湾（滩）长制。浙江省沿海全面实施湾（滩）长制。加强与河长制的有效衔接，落实省、市、县三级湾长全面治理和乡、村两级滩长分工负责体系，加快推进“一湾（滩）一策”精准治理。建立健全湾滩巡查制度，推动湾（滩）防控向陆向海两侧有效延伸。打造湾（滩）协同管理综合治理平台。

（3）开展生态修复扩容行动，提高海洋生态承载能力

加强近岸海域海岛生态保护。以海洋生态保护红线、湾（滩）长制巡护和涉海工程生态环境监管等为抓手，严格管控各类涉及海域、海岛、海岸带的开发建设活动。贯彻落实《浙江省海洋生态红线划定方案》，实施分区分类管理，重点开展大陆整治修复岸线和舟山市海岛整治修复岸线自然化修复，推进海岛岸线调查，开展省海岛物种登记试点。严格管控围填海。

坚持生态优先，编制用海规划，遵循“山水林田湖草是一个生命共同体”理念，既留足生态空间，又加强综合利用。全面落实《浙江省海岛保护规划（2017—2022）》，构建省、市、县三级海岛保护规划体系，明确海岛功能定位，合理规划海岛各区域、岸线和周边海域的用途。严格管控空间利用开发，加快推动“多规合一”工作，确立海岛的正负面清单。严格按照规划功能适度利用。建立分区分类保护体系，建立重要海岛负面清单制度，明确生态脆弱和敏感区域海岛禁止开发利用。

建设沿岸生态缓冲带。实施海岸线整治修复行动。统筹海域、岸线、土地的保护与管理。在陆域、岸线、浅海梯度打造立体缓冲空间。按照生态单元统筹推进一批生态修复重大工程。选取典型海岛开展整治修复工程，加强海岛岸线、岛体修复和海岛生态监测，严格海岛利用功能管控和开发价值评估，滚动实施海岛整治修复项目，恢复受损海岛的地形地貌和生态系统。探索开展离岸式滩涂围垦和人工岛建设，促进海岛资源开发多样化、远海化。

加强监督执法，严格管控海岛开挖取石，禁止非法采挖海砂，强化滨海湿地保护。鼓励浅海藻类养殖，加大红树林、海草床等典型生态系统保护力度。强化海洋生物资源养护。深入实施浙江渔场修复振兴行动。严格控制海洋捕捞强度，巩固“一打三整治”“减船转产”成果。进一步加强渔船管控、伏休监管、幼鱼保护，实施渔船分类、分级、分区管控，严禁大、中型渔船进入近岸海域作业。积极推进海洋牧场建设。开展增殖放流，推进海洋牧场及人工鱼（藻）礁建设。

（4）开展长三角区域战略合作，深入推动陆海统筹

建立健全长江三角洲地区海洋生态环境协同保护机制。以改善东海近岸海域水环境质量为目标，统筹优化浙江、上海、江苏3省（市）沿海地区产业布局，协同开展陆海污染治理和海洋生态修复。协同推进蓝色海湾整治行动。加大长江口、杭州湾等重点近海海域污染整治力度，按照陆海统筹、以海定陆的原则，全面完成非法或设置不合理的入海排污口清理整顿。开展长江口及毗邻海域资源环境承载能力监测，研究建立区域海湾河口联防联治机制，推进海洋环境实时在线监控系统建设，推动涉海数据资源整合共享。强化区域环境协同监管，在不断完善区域环境监测网络的基础上，加大各省市在海洋环境污染方面的监管联动，提高突发事件处理能力。优化区域经济结构。以区域环境承载力为立足点，协调相关涉海规划（区划），调整产业结构、空间布局和生产规模，严格环境准入门槛。根据区域产业结构调整的需要，结合水质改善要求，制定并实施分年度的落后产能淘汰方案，严格常态化执法和强制性标准实施，促使能耗、环保、安全、技术达不到标准和生产不合格产品或淘汰类产能依法依规关停或退出。统筹陆海产业布局。综合考虑陆海环境容量特点，宜海则海，宜陆则陆，优化沿海重点区域、重点流域产业布局。严格执行环境影响评价制度，加强规划环评工作，深入推进“放管服”改革，推动高水平保护和高质量发展互动并进。完成“三线一单”编制工作，明确禁止和限制发展的涉水涉海行业、生产工艺和产业目录。深化“最多跑一次”改革，全面推行“区域能评、环评+区域能耗、环境标准”改革的工作机制。

（5）开展环境风险防范行动，完善预警应急体系

开展海洋生态环境风险防范行动。加强对浙江沿海环境风险较大的工业企业的环境监管，高度重视因台风、风暴潮等海洋自然灾害导致的次生环境灾害风险。全面排查海洋污染事故潜在风险源，建立重大环境风险名录。对可能发生涉海重大污染事故的工业企业单位，建立应急预案，定期开展污染源排放情况评估和海洋灾害风险评估，并向社会公告，接受社会监督。加强环境执法检查，加大环境违法行为的处罚力度，消除环境违法行为。加强倾倒区使用状况监督管理工作，做好废弃物向海洋倾倒活动的风险管控。增强海洋生态环境应急能力。加强海洋生态环境灾害预警能力建设，升级全省海洋灾害预警系统，加强灾害关键预警预报技术研究与应用，完善海洋灾害应急指挥体系建设，加强省、市、县三级海洋灾害应急指挥机构协调指挥能力，加强全省海洋环境灾害隐患区的重点整治，开展潜在的海洋溢油、危化物等海洋环境污染风险源的有效监视监测和风险管控，提升海上突发环境事故应急能力。

（6）完善海洋环境保护制度建设，确保海洋生态安全

完善海洋生态红线制度。严守海洋生态保护红线，实施海洋生态红线管控。研究出

台海洋生态红线年度考核办法，逐步建立海洋生态红线区生态评价制度以及动态调整机制，及时选划重点海湾河口及其他重要自然生态空间纳入红线管理，实现海洋生态红线的常态化监管。建立健全海洋生态补偿制度。建立海洋开发活动和海洋污染引起的海洋生态损坏补偿制度，加快海洋开发利用活动生态保护补偿管理办法以及相关配套技术标准的研究制定，进一步规范海洋开发利用活动的生态保护补偿工作。形成海洋生态损害评估和海洋生态损害跟踪监测机制，探索对重点生态保护区、红线区等重点生态功能区的转移支付制度，沿海各市分别建立 1 个县（市、区）级海洋生态损害补偿试点。建立健全海洋生态补偿法律机制，加快出台海洋生态补偿的行政法规。完善海洋监测监控体系。按照陆海统筹、统一布局、服务攻坚的原则，加快建立与攻坚战相匹配的生态环境监测体系。加强监测能力建设，保障监测运行经费，在专用监测船舶、在线监测设施、应急处置设备等方面加大投入力度。加强近岸海域生态环境质量的监测分析，进一步掌握变化趋势和机理。强化网格化监测和动态监视监测，建设海洋环境实时在线监控系统。健全海洋资源环境承载力预警机制。以县级行政区为评价单元，开展海域评价，确定海域超载类型，划分海域预警等级，全面反映国土空间资源环境承载能力状况，分析超载成因、预研对策建议。建立海洋资源环境预警数据库和信息技术平台，在重点海域推进构建海洋资源环境实时监测监控系统，加大数据共享力度，逐步建立多部门、跨区域协调联动的海洋资源环境监测预警体系。

4.3.6 生态系统保护战略任务

（1）提升重要生态系统面积和质量

整体推进森林生态系统保育。强化生态公益林建设和天然林保护修复，依照《天然林保护修复制度方案》，确定天然林保护重点区域，采用封禁管理、自然恢复为主、人工促进为辅和其他复合生态修复措施等方式，分区施策实施天然林生态保育与修复。全面停止天然林商业性采伐，对纳入保护重点区域的天然林，除必要的生态系统健康维护措施外，禁止一切生产经营活动，严格控制天然林转为其他用途。积极推进集体和个人所有的天然商品林协议停伐补助，探索森林保护、修复多元投入机制。

实施“千万亩珍贵彩色森林”建设工程和“新种植 1 亿株珍贵树种行动”，强化森林抚育更新，调整林木竞争关系，优化森林结构，精准提升森林质量。不断完善防护林体系，以沿海平原、沿江绕湖、沿路绕城、农田林网为重点区域，实行新建和改造提质相结合，提升重点防护林防护减灾功能，加快构筑环太湖杭州湾和沿海生态防护减灾带，防范区域生态风险。突出重点建设钱塘江生态涵养区、四明山—天台山生态修复区、浙南生态保育区，提升区域水源涵养、水土保持、生物多样性维护等重要生态功能。

强化河湖、湿地生态保护修复。按照《浙江省湿地保护条例》《关于加强湿地保护修复工作的实施意见》等文件要求，强化湿地用途管理，经批准征收、占用湿地并转为其他用途的，用地单位要按照“先补后占、占补平衡”的要求，负责恢复或重建与所占湿地面积和质量相当的湿地，确保湿地面积不减少。以钱塘江、瓯江、太湖、新安江、浦阳江等为重点，加强湿地保护与修复，启动湿地修复与提升工程，进一步加强对各类湿地资源利用活动的管理，维护湿地生态用水，遏制湿地面积萎缩、功能退化趋势。实施湿地综合治理，稳步提升湿地生态系统稳定性进而提升生态系统服务功能，提升湿地保有率。

制定并实施“一河（湖）一策”，全面推进中小流域综合治理，加快研究河湖健康评价体系，逐步修复和恢复流域健康生态系统。大力开展河湖库塘清淤，合理处置和利用淤泥，在全省形成“一村一品一水景、一镇一韵一水乡、一城一画一廊道”的全域美丽河湖新景。

（2）开展受损生态系统治理修复

强化新建矿山和生产矿山生态环境保护与治理。坚持预防为主、防治结合，谁开发、谁保护、谁治理，落实矿山企业生态环境保护与恢复治理责任与义务，深入推进绿色矿山建设，探索不同类型矿山绿色开发模式，加强资源全面节约，加强矿山剥离表土、低品位矿、废石、尾矿等综合利用，强化废水、粉尘、固体废物综合防治，加强矿山生态环境全过程监管，积极鼓励、科学引导省内绿色矿业发展示范区建设，由点到面、集中连片地整体推动绿色矿业发展，最大限度地减轻矿产开发利用活动对生态环境整体性、原真性的影响和破坏。

加大废弃矿山治理与生态修复力度。以铁路、县级以上公路、河道两侧、重点生态敏感区等“四边区域”以及自然保护地和主要饮用水水源地等为重点，全面排查、评估矿山废弃地生态系统受损情况，开展废弃矿山矿井治理。坚持宜林则林、宜草则草、宜湿则湿、宜耕则耕，自然恢复与人工修复并重，统筹推进矿山地质灾害治理、水资源保护、土壤质量修复、植被恢复等工作，积极引导废弃矿山生态修复与全域土地综合整治和乡村振兴战略相结合，构建政府、企业、社会共同参与的废弃矿山生态修复新机制，提升废弃矿山生态修复综合效益。

推进土地综合整治与生态修复。以农田水利基础设施和耕地质量提升为重点，重点开展高标准农田建设。开展生态型土地综合整治项目，加大中低产田改造力度，采取工程、生物、农艺等综合措施，加快实施耕作层培肥改良，因地制宜实施旱地改水田工程，改良土壤生态环境，充分发挥农田生态系统自身修复功能，提高耕地质量和产能，推动粮食生产功能区提标改造。统筹低效闲置园地或宜耕地整理、低效利用或闲置建设用地整治、废弃地复垦、未利用地开发、污染耕地治理及农业面源污染防治等工作，系统开展田、水、路、林、村治理，防治土地退化，促进农村生态环境改善，推动整洁田园、美丽农业建设。

强化水土流失治理。以江河源头地区为重点，加强水土流失综合治理，实施生态清洁小流域建设，增强水源涵养和水土保持功能。开展衢江中游片、曹娥江源头区片、瓯飞鳌三江片3个重点片区水土流失治理。实施湖荡湿地植被恢复和入湖河流河岸带修复，建设湖滨缓冲带生态保护带，提升河湖岸带水土保持功能，加强截污清淤，保持水系连通。严格水域岸线用途管制，强化生产建设项目水土保持监督管理。建立健全水土保持监管体系，强化水土保持动态监测，提高水土保持信息化水平和综合监管能力。

（3）改善城镇生态系统服务功能

落实大都市区、大花园区建设的决策部署，以衢州市、丽水市为核心，以台州、杭州、绍兴、嘉兴、金华、温州等为重点，发挥宁波示范引领作用，深入推进城市生态修补、生态修复（“城市双修”），加快构建城市生态用地和生态网络体系，合理布局绿心、绿楔、绿环、绿廊等结构性绿地，建设城市森林、城市绿地、城市绿道、亲水空间等，充分发挥城市绿色基础设施在保持水土、涵养水源、降温增湿、减霾滞尘、引风供氧等方面的生态作用，改善人居环境，提升城镇生态环境承载能力和服务功能。

（4）全方位系统综合治理修复

在生态系统类型比较丰富的地区，将湿地、草场、林地等统筹纳入重大工程，对集中连片、破碎化严重、功能退化的生态系统进行修复和综合整治，通过土地整治、植被恢复、河湖水系连通、岸线环境整治、野生动物栖息地恢复等手段，逐步恢复生态系统功能。围绕优化格局、提升功能，在重要生态区域内开展沟坡丘壑综合整治，平整破损土地，实施耕地坡改梯、历史遗留工矿废弃地复垦利用等工程。对于污染土地，要综合运用源头控制、隔离缓冲、土壤改良等措施，防控土壤污染风险。

4.3.7 生态环境风险防范的战略任务

（1）建立完善生态环境风险防范体系

统筹考虑生态环境风险要素，构建生态环境风险防范体系。以生态安全、环境质量、资源消耗为重点，构建生态环境风险防范体系。严守生态保护红线，优化工业企业布局，对生态功能重要区和生态环境敏感区，进行有效的生态安全风险防范。坚守环境质量底线，依据不同区域环境质量目标和环境功能区划达标要求，科学管控与防范大气环境、水环境和土壤环境的生态环境风险。严控资源消耗上限，通过设置能源使用、水资源消耗、土地利用等资源开发利用总量、强度和效率，确立高耗能产业准入要求，严格控制资源高消耗行业的发展。

（2）建立完善生态环境风险防范制度

一是建立“事前严防—事中严管—应急响应—事后处置”的全过程风险管理制度，建立生态环境风险评估制度，对“产业政策—发展规划—建设项目”全决策过程进行生态环境风险评估和生态环境风险防范。强化区域开发和项目建设的环境风险评价，加强环境安全隐患排查和整治，着力防范与化解涉环保项目邻避问题。二是建立多层级的生态环境风险防范制度，从“区域—城市群—城市—工业园区”等不同空间尺度和层级考量，建立不同层级的风险防范制度，制定生态环境风险防范相关法律法规和生态环境风险防范策略，识别出高风险流域和区域，对饮用水水源地、危险化学品运输等重点领域的生态环境风险进行综合评估，对沿江沿河化工、石化、印染、纺织、危险化学品等高风险工业园区和企业进行生态环境风险评估，有效预防突发性风险。通过设立不同层级和领域的生态环境风险评估防范体系，有效保障生态环境安全。

（3）实施风险防范常态化管理

夯实生态环境风险监控预警体系，实施风险防范常态化管理。充分利用大数据和空间信息技术，建立生态环境风险数据库和信息共享平台，根据不同层级组织管理特征和环境风险评估预警的业务化需求，建立生态环境风险监控预警体系，通过生态环境风险智能识别，将生态环境风险纳入常态化管理。健全生态环境联动应急管理体系，加强环境风险监控预警应急体系建设，健全跨部门、跨区域环境应急协调联动机制、环评会商和联合执法等机制。

第5章　生物多样性保护研究[①]

保护濒危动植物资源、维护生态平衡，协同推进生物多样性治理，关乎人类生存和发展，也是衡量美丽建设的一个重要方面。本章在梳理当前浙江生物多样性保护现状、问题的基础上，凝练生物多样性保护的总体目标，并对美丽浙江建设的生物多样性保护重点任务给出比较全面的阐述。

5.1　基础与现状

5.1.1　生物多样性的基础概况

（1）生态系统类型丰富多样，奠定良好的生态格局

浙江主要有森林、湿地、海洋、农田、城市、草原等生态系统类型，为野生动植物生存繁衍、维系区域生态安全奠定了基础。森林生态系统类型按植被区系划分，有针叶林、针阔混交林、落叶阔叶林、常绿落叶阔叶混交林、常绿阔叶林、山地矮林等类型；湿地类型较齐全，有近海与海岸湿地、河流湿地、湖泊湿地、沼泽和沼泽化草甸湿地五大类型 27 型，多集中在沿海与平原地区；海岸线总长和岛屿数量居全国首位，海洋生态系统和岛屿生态系统丰富。

（2）自然保护地体系基本建成，构成重要的保护空间

浙江生物多样性指数空间分布特征明显，陆域范围内具有生物多样性指数由浙西北、浙南山地向浙中、浙北等丘陵、平原地区递减，同时生物多样性丰富区域相对集聚的特点。临安、桐庐、淳安、遂昌、龙泉、庆元、泰顺、景宁等县（市）生物多样性指数较高，天目山、古田山、九龙山、凤阳山—百山祖、括苍山、天台山、普陀山等山系

① 本章执笔人：张丽荣、孟锐、潘哲。

地带和海洋、内陆淡水水系生物多样性丰度较高，这些地区构成了浙江重要的生物多样性保护空间，也保护着绝大多数珍稀濒危及特有物种。

（3）野生生物资源分布密集度高，珍稀濒危物种多

浙江是我国面积较小的省份之一，省内气候地理条件优越，山河湖海皆备，为“七山一水二分田”，特殊的地理位置和优越的气候条件孕育出丰富多样的生物资源。野生生物资源种类密集度高。浙江生物多样性在国际和国内具有重要地位，浙闽赣山地地区是中国12个具有国际意义的生物多样性分布中心之一，浙江南部和西部地区分别是武夷山生物多样性保护优先区域和黄山怀玉山生物多样性保护优先区域的重要组成部分。珍稀濒危物种种类众多。浙江列入世界自然保护联盟（IUCN）濒危物种红色名录中的受威胁维管束植物212种，列入《国家重点保护野生植物名录（第一批）》的野生植物52种，处于濒危甚至极度濒危的野生植物有160余种[①]。

（4）栽培品种与遗传资源种类多样，资源产业渐成规模

栽培品种遗传资源丰富多样，浙江种植作物历史悠久，现有主要栽培作物品种6 000余种，拥有地方优良畜禽品种34个。特色资源产业形成规模，2003—2019年，浙江特色产业规模快速壮大，林业产业总产值从2003年的877亿元增长到2019年的6 646亿元，年均增幅达13.49%[②]。

5.1.2 生物多样性保护的工作成效

（1）生态保护红线与自然保护地体系建设引领全国

生态红线确定基本保护格局，经国务院同意，浙江省政府于2018年7月20日发布《浙江省生态保护红线划定方案》，成为全国第一批15个划定生态保护红线的省份之一，制定了“三区一带多点”的基本格局。国家公园体制建设稳步推进，《钱江源国家公园体制试点区试点实施方案》获国家发改委正式批复，是继青海三江源、湖北神农架、福建武夷山之后，全国范围内第4个获得正式批复的国家公园体制试点方案。自然公园建设相对完善，截至2019年年底，全省已有国际重要湿地1个，湿地及与湿地有关的自然保护区11个、国家城市湿地公园4个、国家湿地公园13个、省级湿地公园54个，经省政府公布的省重要湿地80个，初步形成了湿地保护修复的良好格局；2019年全省已批建各级森林公园128个[③]。

---

① 数据来自《浙江省生物多样性保护战略与行动计划（2011—2030年）》。

② 数据来自浙江省林业产业和森林康养发展情况总结。

③ 数据来自浙江省各类自然保护地面积及占比、浙江省2019年景区名单。

（2）生物资源保护与管理工作水平位于国内前列

物种资源调查与监测稳步推动，制定颁布并实施了《浙江省生物多样性保护战略与行动计划（2011—2030 年）》，初步建立生态系统监测体系。2018 年创新性地在杭州湾开展了鸟类环志试点工作。珍稀濒危物种就地与迁地保护得到加强，多年持续开展朱鹮、华南虎、扬子鳄、华南梅花鹿、安吉小鲵、百山祖冷杉、普陀鹅耳枥等濒危野生动植物种群扩繁、栖息地保护和迁地保护工作，取得了显著成效。2020 年 3 月浙江省第十三届人民代表大会常务委员会第十九次会议通过了《浙江省人民代表大会常务委员会关于全面禁止非法交易和滥食野生动物的决定》，陆域野生动物管理进一步强化。海洋生物多样性保护成效显著。组织实施海洋生态建设“3+*X*”行动，建成国家级海洋牧场示范区 6 个，放流各类海洋水生生物幼体（卵）5 亿单位以上①。古树名木保护管理日臻完善。

（3）开展持续长效的公众宣传与生态道德教育

野生动植物保护宣传力度大，连续 6 年开展世界野生动植物日活动，连续 37 年开展爱鸟周暨野生动植物宣传月活动。据统计，2019 年全省共有 89 个市、县开展爱鸟周活动，活动次数达 438 次，参与人数达 938 846 人②。新媒体、新形式的公众宣教已经启动，浙江利用微信公众号、官方微博、电视专栏、广播等多种媒体形式，将生物多样性知识通过通俗易懂的方式传播给社会公众。逐步推进国际宣传，提升影响力，开展国际生物多样性主题日宣传活动，邀请国外专家进行科学指导。

5.2 问题及挑战

5.2.1 局部生态系统退化和破碎化导致物种生境孤岛化严重

由于人类活动的影响，浙江森林生态系统原始天然林比例低，森林群落碎片化严重，湿地生态系统退化，北部平原、宁波北部沿海和东部沿海等局部区域湿地面积减少明显。全省森林生态系统面积小幅下降，局部区域水土流失风险上升。海岸带生态系统格局变化剧烈，人工化加剧，沿海湿地等自然生态系统明显萎缩，自然岸线减少③。

5.2.2 开发建设行为对野生生物资源生存产生巨大压力

随着工业化、城镇化的快速推进，公路铁路、水利工程、海港渔业、河运工矿开发

① 数据来自浙江省生态环境厅海洋处生态省建设总结评估报告。

② 数据来自浙江省林业局生态省建设评估报告。

③ 全国生态环境十年变化（2000—2010 年）遥感调查与评估项目。

建设等活动显著增加，对野生动植物生存繁育造成巨大压力。水利工程和海港建设造成水道隔断、环境干扰，鱼类洄游通道、捕食产卵、种群交流场所遭到破坏；近岸海域富营养化、平原河道水系污染、采砂作业、航道疏浚等干扰水生生物生存能力；生境覆灭、基础食物量不足使野生动物种群繁衍面临直接威胁。华南虎和朱鹮在省内的野生种群已经绝迹；金钱豹、斑羚等已难觅踪迹；东方白鹳等数量极少；云豹、华南梅花鹿等分布区域极为狭窄，安吉小鲵、义乌小鲵、天目臭蛙等浙江特有珍稀物种生存环境受到破坏。

5.2.3 资源过度开发造成野生生物资源衰退

浙江生物资源开发历史悠久，优良树种、药用植物和经济作物一直是开发利用的主要对象，部分野生植物因为特殊经济价值遭到过度开发利用，种群衰退和资源丧失情况严重，浙江珍稀濒危野生动植物资源数量位居全国前列。如杜仲、凹叶厚朴、短萼黄连、竹节人参等因树皮或全株具备珍贵药用价值而遭到破坏性采伐，国家保护植物南方红豆杉甚至被盗伐；野生兰花、玉蝉花、海滨木槿等因市场价值高昂而遭到滥挖；海洋鱼类资源由于过度捕捞已处于持续衰退甚至衰竭状态，经济鱼类几乎不再出现渔汛。

5.2.4 存在生物多样性保护工作空缺

全省自然保护地空间布局完整性不足，生物多样性保护存在空缺区域。据初步统计，浙江约有 30%的国家重点保护野生植物和 34%的国家重点保护野生动物尚未得到有效保护[①]。生物多样性保护网络不够完善，浙东、浙中地区生物多样性保护节点较少；对特有物种、遗传资源等保护力度不够。湿地保护区体系不完善，已批建的多数地方级湿地自然保护区管理力量薄弱，缺乏应有的基本建设，保护管理工作举步维艰。基础性研究与监测有待加强，自然资源调查体系不完善，监测体系更是不健全，工作时断时续，部门之间监测系统各自为政，信息不对称。

5.2.5 外来入侵物种危害情况不容忽视

浙江是我国沿海开放门户，对外贸易和交流活动频繁，外来生物入侵危害严重。中国第一批、第二批外来入侵物种名录中的 35 种外来入侵物种中，浙江已出现 29 种，11 个设区市均有入侵迹象[②]。凤眼莲、加拿大一枝黄花等外来入侵物种已形成单优群落；松材线虫造成林业巨大经济损失，防治难度极大；互花米草、稻水象甲、美洲斑潜蝇、蔗扁蛾等种群扩散范围逐渐增大，对区域生物多样性构成严重威胁，对农林产业发展产

① 数据来自《浙江省生物多样性保护战略与行动计划（2011—2030 年）》。

② 数据来自《浙江省生物多样性保护战略与行动计划（2011—2030 年）》。

生深远影响。

5.3 生物多样性保护战略目标

到 2035 年，浙江全省生态空间和自然保护地体系得到优化，生物多样性丧失和生态系统退化趋势得到明显遏制，珍稀濒危和特有物种得到全面保护，城乡人居环境景观全面优化，地区性传统与民族文化得到全面体现，生态产品价值得到充分转化，公众生物多样性保护意识得到普遍提高，生物多样性保护与城乡经济社会协调发展，人与自然和谐共处，生物多样性保护与生态文明建设成效显著。

5.4 生物多样性保护重要举措

5.4.1 保护与恢复并重，维护“鹰击长空，鱼翔浅底”的资源格局

（1）推进自然保护地体系及物种栖息地建设

启动浙江省自然保护地体系建设，积极推进钱江源国家公园试点建设，到 2025 年建成以国家公园为主体的浙江省自然保护地体系。推进生物多样性保护优先区域落地，推进浙江生物多样性保护优先区域本底调查、监测与评估工作，对珍稀濒危野生动植物分布、种群、致危因子、保护状况等情况全面摸底。加快自然保护区建设，对省内 8 个国家级自然保护区和 9 个省级自然保护区进行管理能力提升，提高自然保护区抢救、保护珍稀濒危野生动物种群及栖息地的能力，防范乱捕滥猎。

（2）建设生态廊道，提升连通性

构建浙西南及浙西北山区生态廊道，重点在杭州南部、衢州东南部、丽水东部、金华南部、台州西南部和温州中西部等区域，建设生态廊道。建设浙东北及沿海平原河流生态廊道，重点在钱塘江、瓯江、灵江等流域及周边区域，构建区域河流生态廊道（图 5-1、图 5-2）。

（3）加强空缺区域生物多样性保护

评估浙江指示物种潜在分布区域，对比现有保护地空间布局，识别浙江生物多样性保护空缺区域。新增地温州苍南、金华婺城区、武义、江山仙霞岭 5 处保护地，扩大珍稀濒危物种保护范围。对自然保护区以外的原生地（栖息地），建立保护小区，实施生境恢复和改善措施。在无法建立自然保护地及保护小区的珍稀濒危物种栖息地范围，竖立警示标识与宣传牌，设立防护栏，监测、保护仪器设备等。与土地所有者签订保护协

议，严禁破坏生境和危害目的物种的活动。

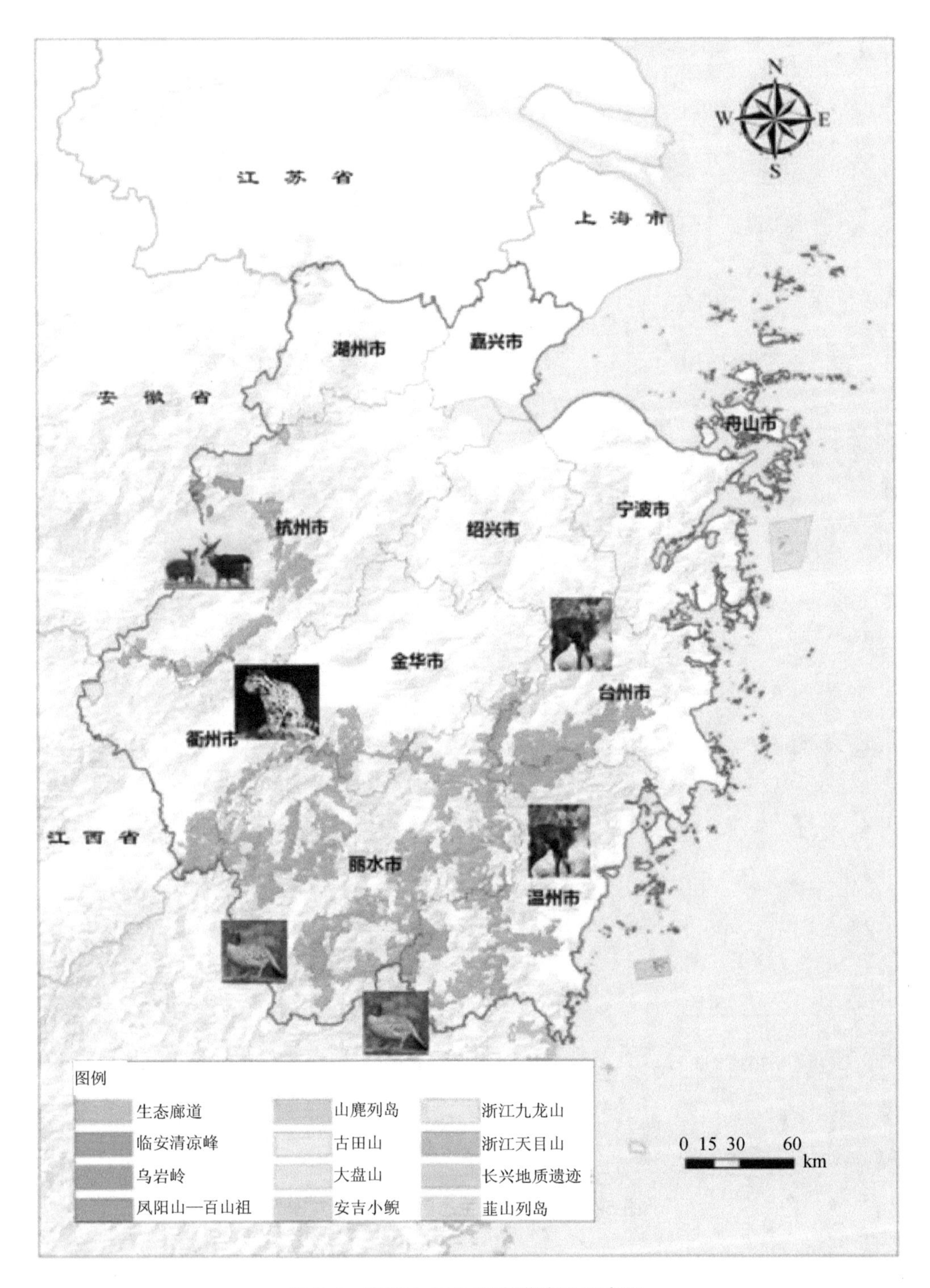

图 5-1　浙江山区生态廊道建设示意图

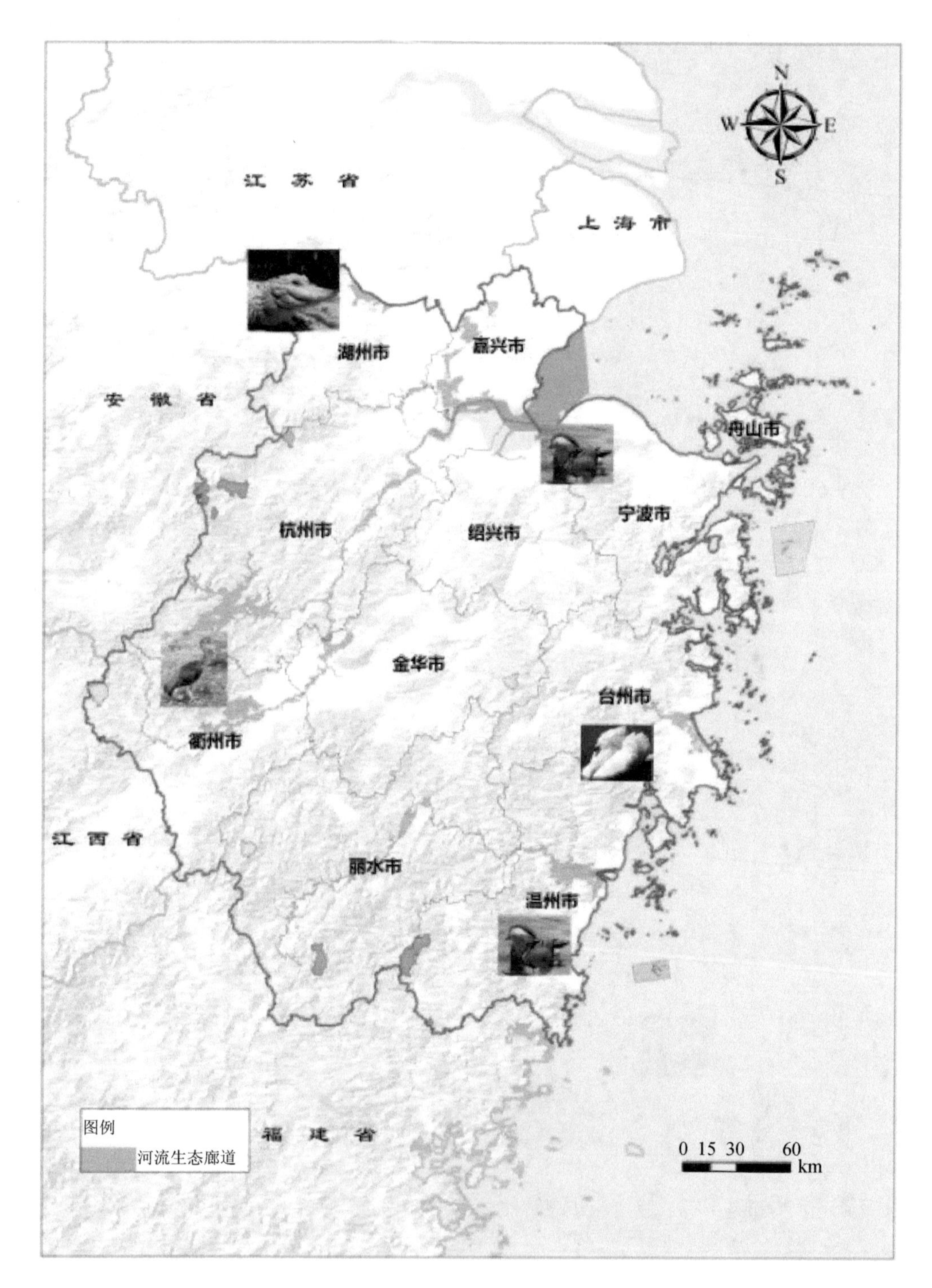

图 5-2 浙江河流生态廊道建设示意图

（4）推动重要生物资源保护和种群恢复

开展数字化调查、监测与管控，针对珍稀濒危动植物的分布地点、资源量、原生地

（栖息地）现状，结合第二次野生动植物调查成果或进行专项调查，建立数字化监测体系和保护管理信息系统。开展重点保护抢救与保护点生境修复，开展浙江重要、特有、珍稀濒危物种的原生地（栖息地）保护、生境恢复和改善、人工繁殖（培育）、野外种群重建、集中迁地保护等，扩大种群数量。开展重要物种的保护小区和保护点建设。

（5）加强生物及疫病防控和转基因生物安全管理

强化有害生物监测预报及防治能力，推进和完善全省监测预报网络整体布局、监测站点建设，加强监测预报工作，扩展监测覆盖面。推进危险性林业有害生物防治，抓好松材线虫病、美国白蛾疫情调查工作和跟踪监测，加大疫木的清理力度。开展全省外来入侵物种的基础调查与名录编制工作，完善外来物种风险评估及早期预警、应急及快速反应体系。全面增强野生动物管理，在全省范围内倡导科学、健康、文明的生活方式和饮食习惯，保护野生动物资源。推动转基因生物的安全管理，严格落实农业转基因生物的标识管理，加强农业转基因生物加工环节监管。

5.4.2　传承与共享同步，实现“普惠和谐、怡然自乐”的人民福祉

（1）开展生物遗传资源的可持续利用技术研究与应用示范

加强重要林木、竹、花卉、木本油料作物和药用植物等遗传资源的收储和保存。广泛对野生动植物、畜禽、农作物、林木植物、观赏植物、药用生物、微生物等遗传资源进行生物遗传资源可持续利用技术的研究，加强重要林木、竹、茶、野生花卉和药用植物等种质资源可持续利用基地建设。到 2030 年，重点建成天台山、大盘山等种源基地和示范基地 10 处。

（2）组织生物多样性传统知识的调查编目与开发利用

开展与生物多样性相关传统知识的调查与编目，加强对传统加工技术、农业生产方式和生物多样性保护与持续利用相关的民族习俗、艺术、宗教文化和习惯法等的调查。到 2025 年，建立生物多样性传统知识数据库和信息系统。建立和完善传统知识保护制度，确保在共同商定条件下与传统知识拥有者分享惠益。

（3）推动森林康养及休闲养生基地的高质量发展

推动林业产品开发利用，实施林相改造、森林抚育和珍贵树种与彩色树种培育等，强化对森林康养地自然生态、田园风光、传统村落、历史文化、民俗文化等资源的保护。加快传统生物资源的创新利用，推动药用野生动植物资源在康养中药、保健品、化妆品等医养结合产品的研发、加工和销售，大力发展食用笋、珍稀干果、木本油料、林下药材、山地水果、食用菌、森林蔬菜及驯养野生动植物等森林食品产业，大力发展森林食疗、森林药疗等康养服务模式。到 2025 年，争取创建省级森林休闲养生城市 15 个、认

定森林康养基地200处（国家级森林康养基地100处，省级森林康养基地100处）。

（4）建立新型生态经济政策制度兼顾社会公平

制定有利于生物多样性保护的激励性政策，到2030年，全面建成全社会共同参与生物多样性保护的奖惩机制。制定生物多样性地区的改善民生政策，到2030年，开展生物多样性保护与社区发展协同推进模式推广与应用，鼓励循环利用生物资源。强化生物多样性在政府与企业考核方面的力度，将生物多样性保护纳入国民经济核算体系以及市县政绩考核体系，到2030年，全省将生物多样性纳入政府政绩与企业评估。完善生物多样性保护法律体系，针对现有浙江法规中涉及生物多样性保护的内容，调整不同法规间的冲突和不一致之处，及时增补、修订法规中相关条款，提高法规的系统性和协调性，建立较为完善的生物多样性保护与生物资源可持续利用的法规体系，与国家立法和国际义务相一致。

5.4.3 参与和彰显共举，树立“山水相依，人地共生”的典型示范

（1）建立广泛的社会保护管理途径，形成全民参与氛围

增强公众的生物多样性保护意识，将保护生物多样性、保护环境资源自觉上升为一种意识和行动。在遵循相关制度和法规、确保生物多样性保护公益性的前提下，正确引导民间和非政府组织参与生物多样性保护工作，群策群力，形成生物多样性保护的良好氛围。建立包括各级政府及管理部门、科研院所、民间组织等不同层次和机构间的合作机制，制订合作计划，定期交流信息。

（2）以生物多样性合作交流为契机，树立浙江模范形象

以浙江省自然保护地体系建设经验、生物多样性监测预警体系、野生动植物种群恢复工作进展等为抓手，在管理体系、技术支撑体系、资源管护、遗传资源开发利用等方面广泛开展国际国内交流和合作，与国内外研究型机构、智库机构、自然保护地、企业等多类型的单位建立深度合作伙伴关系，开展项目合作，树立浙江在生物多样性保护方面的模范形象。

（3）积极参与生物多样性履约行动，打造浙江国际典范

扩大生物多样性保护国际影响力。借助国家平台，积极开展对外合作交流工作，在学习国外先进经验的同时，展示浙江生物多样性保护领域所做的工作和成绩，推动全球生物多样性保护事业，提高国际影响力，在国际上树立良好形象。加强区域生物多样性舆论监管，提高危机公关能力，利用新媒体掌控舆论主导权，树立良好浙江国际形象。

第6章 全省域应对气候变化研究①

应对气候变化是推进生态文明建设，推动经济高质量发展、美丽中国建设的重要抓手。本章在梳理浙江应对气候变化排放现状和体制机制建设状况的前提下，明晰浙江应对气候变化所面临的压力与挑战，从推动产业低碳发展、优化能源结构、增强森林等生态系统碳汇能力等方面提出应对气候变化的任务措施。

6.1 基础与现状

6.1.1 应对气候变化排放现状

“十三五”期间是浙江地区积极推进国家低碳建设，充分发挥低碳统筹协调及引导作用的重要阶段，产业结构、能源结构不断优化，低碳发展工作取得显著成效。浙江2018年碳排放量为4.22亿t，2018年单位生产总值二氧化碳排放量比2015年下降12.85%，与2005年相比，下降51.53%。“十三五”浙江碳排放指标完成情况见表6-1。

表6-1 “十三五”浙江碳排放指标完成情况

年份	总量/万t	排放强度/（t/万元）（GDP2015年不变价）	较2015年下降率/%
2015	39 317.86	0.90	—
2018	41 663.01	0.77	14.7
2019	42 168.57	0.73	19.1

数据来源：国家统计局. 能源统计年鉴[M]. 北京：中国统计出版社，2016—2019.

① 本章执笔人：曹丽斌、蔡博峰、张哲、庞凌云、吕晨。

就行业排放来说，浙江水泥行业和发电厂的碳排放量高于钢铁行业，是浙江省内碳排的主要来源（表 6-2）。

表 6-2 浙江主要行业 2018 年二氧化碳排放情况

主要行业	GDP 占比/%	二氧化碳排放量/万 t 当量	二氧化碳排放占比/%
钢铁行业	5.7	1 266	3.0
纺织行业	8.2	1 181	2.8
水泥行业	1.4	2 110	5.0
石化行业	2.8	464	1.1
其他制造业	39	2 025	4.8
电力行业	2.3	6 844	16.2

数据来源：中国城市温室气体工作组. 中国城市温室气体排放数据集（2018 年）[M]. 北京：中国环境出版社，2020.

就甲烷排放量而言，浙江甲烷排放量要低于全国甲烷排放平均水平，水稻种植是长三角地区主要的甲烷排放源，煤炭开采部门是长三角地区甲烷的第二大排放源。

6.1.2 应对气候变化举措评估

（1）温室气体减缓举措和减排效果评估

1）体制机制逐步完善。设立浙江省应对气候变化领导小组。完善省级应对气候变化基础统计制度，开展设区市年度碳强度降低目标责任试评价考核。完善省、市、县三级年度温室气体清单编制和重点企（事）业单位年度碳排放报告常态化的工作机制。

2）加快推进低碳试点工作。杭州、宁波、温州等国家低碳城市试点亮点纷呈，杭州、宁波、温州经济技术开发区和嘉兴秀州高新技术产业开发区等国家低碳工业园区试点特色鲜明，开始实施近零碳排放示范试点工作，组织开展第一批省级低碳试点中期评估。积极开展低碳城市、低碳园区、低碳社区等试点示范。

3）能源结构低碳化。加快推进太阳能、生物质能、地热能等可再生能源规模化发展。浙江非化石能源占一次能源消费比重进一步提高，煤炭消费量占能源消费比重明显下降。全面推进“无燃煤区”建设。

4）基础能力不断夯实。建立重点企业事业单位温室气体排放数据报告制度。升级全国一流的气候变化研究交流平台，全省应对气候变化领域专家和科技人才对工作支撑力量不断增强。浙江出台的应对气候变化相关文件见表 6-3。

表 6-3　浙江出台的应对气候变化相关文件

地区	年份	政策文件
浙江省	2012	《浙江省“十二五”节能环保产业发展规划（2015—2020）》
	2017	《浙江省“十三五”控制温室气体排放实施方案》
杭州市	2012	《杭州市节能减排财政政策综合示范项目三年行动计划（2012—2014 年）》
	2014	《杭州市应对气候变化规划（2013—2020 年）》
	2014	《杭州市 2013 年度温室气体清单编制计划的通知》
	2016	《节能低碳产品认证管理办法》
	2017	《杭州市“十三五”控制温室气体排放实施方案》
	2018	《关于杭州市推进更高水平气象现代化建设工作的实施意见》
	2019	《杭州市大气环境质量限期达标规划的通知》
宁波市	2013	《宁波市温室气体清单编制工作实施方案的通知》
	2013	《宁波市低碳城市试点工作实施方案》

浙江在森林碳汇方面做了大量工作，这为浙江二氧化碳减排做了大量贡献。《浙江省“十三五”控制温室气体排放实施方案》提出，加快推进能源革命，加快构建低碳产业体系，积极倡导低碳生活方式，加强低碳科技创新能力建设，积极参与全国碳排放权交易市场建设，务实开展国内外合作交流。在“十三五”期间林木蓄积量达到 4 亿 m^3，森林植被碳储量达到 2.6 亿 t。

（2）适应气候变化举措和效果评估

浙江适应气候变化工作不断加强，基础设施建设取得进展，在农业、海洋、气候风险应急、气象灾害预警等方面不断强化。生态修复和保护力度得到加强，监测预警体系建设取得较大进展。

基于适应气候变化政策对民生的影响程度，采用层次分析法（AHP）构建层次模型。在城市生命线系统适应能力、水资源管理、人群健康、应急保障能力等方面浙江做得比较好。具体研究方法如下：AHP 方法构建层次模型目标层为建立对民生产生重要影响的适应气候变化任务，适应气候变化措施和具体措施分别为准则层和子准则层，由于组成子准则层的各具体措施仅对其对应的准则层产生影响，对其他准则层因素不产生影响，因此在进行子准则层的各个因素对比时，仅需在本准层对应的子准则之间进行对比赋分，而不是对所有子准则构成要素直接两两比较打分。利用获得的三级分值的乘积作为每项具体措施的最终分值。根据分值分布范围划分为 5 级，分值越高重要性越大。浙江适应气候变化实施效果评估见表 6-4。

表 6-4 浙江适应气候变化实施效果

重点任务	措施	具体措施	效果评估（★越多，效果越好）
提高城乡基础设施适应能力	城乡建设	新城选址、城区扩建、乡镇建设要进行气候变化风险评估	★★★
		将适应气候变化纳入城市群规划、城市国民经济和社会发展规划、生态文明建设规划、土地利用规划、城市规划等	★★★★
	提高城市生命线系统适应能力	针对强降水、高温、台风、冰冻、雾霾等极端天气气候事件，提供城市给排水、供暖、供水调度方案，提高地下管线的隔热防潮标准等供电、供气、交通、信息通信等生命线系统的设计标准，加强稳定性和抗风险能力	★★★★★
		按照城市内涝及热岛效应状况，推进海绵城市建设，增强城市海绵能力，调整完善地下管线布局、走向以及埋藏深度，修订和完善城市防洪治涝标准	★★★★★
加强农业与林业领域适应能力	提高种植业生产适应能力	完善农田道路和灌溉设施，加强地力培育，优化配置农业用水，完善灌溉供水工程体系	★★★
		加强农作物育种能力建设，培育高光效、耐高温和抗寒抗旱作物品种，建立抗逆品种基因库与救灾种子库	★★
	坚持草畜平衡	改良草场，建设人工草场和饲料作物生产基地，筛选具有适应性强、高产的牧草品种，优化人工草地管理，加大草场改良、饲草基地以及草地畜牧业等基础设施建设力度，加强饲草料储备库与保温棚圈等设施建设。农牧区合作，推行易地育肥模式	★
	提高林业及其他生态系统适应能力	建立自然保护区网络及物种迁徙走廊，加强典型森林生态系统和生态脆弱区保护	★★
		加强森林资源保护和生态公益林建设，实施重点防护林、生物防火林带和阔叶林改造工程；加强优良遗传基因的保护利用，大力培育适应气候变化的良种壮苗	★
加强水资源管理和设施建设	强化水资源管理	加强水资源优化配置和统一调配管理，加强中水、海水淡化、雨洪等非传统水源的开发利用，抓好饮用水水源地安全保障工作，继续做好地下水禁限采工作；加强水文水资源监测设施建设	★★★★
		优化调整大型水利设施运行方案，研究改进水利设施防洪设计建设标准。深化取水许可管理，把好审批关和验收关，全面落实建设项目水资源论证工作	★★★
	加强水资源保护与水土流失治理	加快农村饮水安全工程建设，推进城镇新水源、供水设施建设和管网改造，加快重点地区抗旱应急备用水源工程及配套设施建设	★★★★★
		加强水功能区管理和水源地保护，合理确定主要江河、湖泊生态用水标准，保证合理的生态流量和水位；做好对城市河湖、坑塘、湿地等水体自然形态的保护和恢复，加强河湖水系自然连通，构建城市良性水循环系统	★★★★

重点任务	措施	具体措施	效果评估（★越多，效果越好）
提高海洋和海岸带适应能力	加强海洋灾害防护能力建设和综合管理	实施“小岛迁、大岛建”和重要的连岛工程，保障海岛居民和设施安全，提高沿海城市和重大工程设施防护标准，实施海岛防风、防浪、防潮工程，提高海岛海堤、护岸等设防标准，加强海岸带国土和海域使用综合风险评估	★★★★
		控制沿海地区地下水超采，防范地面沉降、咸潮入侵和海水倒灌	★★
	加强海洋生态系统监测和预警能力	推进海洋生态系统保护和恢复，对集中连片、破碎化严重、功能退化的自然湿地进行恢复修复和综合治理	★★★★
		建立沿海海洋灾害预警报系统和应急响应体系，提高风暴潮等海洋灾害的防御能力	★★
		建立和完善海洋环境监测网络，提高海洋赤潮、海上重大突发事件的应急处置能力和防灾减灾能力	★★★
提高人群健康领域适应能力	加强气候变化对人群健康影响评估	进一步完善公共医疗卫生设施，加强疾病防控、健康教育和卫生监督执法建设	★★★★★
		健全气候变化相关疾病、相关传染性和突发性疾病流行特点、规律及适应策略、技术研究，建立对气候变化敏感的疾病监测预警、应急处置和公众信息发布机制	★★★★★
	制定气候变化影响人群健康应急预案	加强对气候变化条件下媒介传播疾病的监测与防控，建立健全气候变化与人体健康监测、预报预警系统及在新疾病的研究和预防体系	★★★
		加强与气候变化相关的卫生资源投入与健康教育，增强公众自我保护意识，改善人居环境，提高人群适应气候变化能力	★★
加强防震减灾体系建设	增强风险管理与监测预警机制建设	完善浙江省气候系统观测网，提高对气候系统各要素的观测和综合数据采集	★★
		建立气候变化风险评估与信息共享机制，制定、健全城市防洪排涝应急及灾害风险管理措施和应对方案	★★★
		建立极端天气气候事件信息管理系统和预警信息发布平台	★★
	提升城市应急保障服务能力	完善应急救灾响应机制，明确灾前、灾中和灾后应急管理机构职责，及时储备调拨及合理使用应急救灾物资	★★★
		加强运行协调和应急指挥系统建设、专业救援队伍建设、社区宣传教育、应急救灾演练等工作	★★★★★
	建立和完善风险分担机制	建立极端天气气候事件灾害风险分担转移机制，明确家庭、市场和政府在风险分担方面的责任和义务，建立健全由灾害保险、再保险、风险准备金和非传统风险转移工具所共同构成的金融管理体系的风险分担和转移机制	★★

6.2 国内国际比较

选取国内外 24 个典型城市（选取典型城市的依据：如世界著名城市、引领低碳发展的城市等），对比分析了其温室气体排放特征。浙江挑选出杭州和宁波这两个重点城市，在长三角其他地区选择 6 个城市（上海、南京、合肥、苏州、无锡、常州），国际城市选择日韩 8 个城市（首尔、釜山、仁川、大邱、东京、京都、大阪、千叶）、欧洲 4 个城市（伦敦、巴黎、海德堡、奥克兰）及美国 4 个城市（纽约、芝加哥、洛杉矶、波士顿）。数据时间绝大多数为 2015 年[①]，少数为 2013 年或 2014 年。

6.2.1 温室气体排放总量

包括浙江在内的长三角城市的温室气体排放总量显著高于国际典型城市。图 6-1 展示了城市温室气体排放总量比较。从图中可以看出，国内地区城市的温室气体排放总量普遍较高，上海、苏州和宁波的温室气体总量在亿吨以上，上海总排放量超过了 2 亿 t。

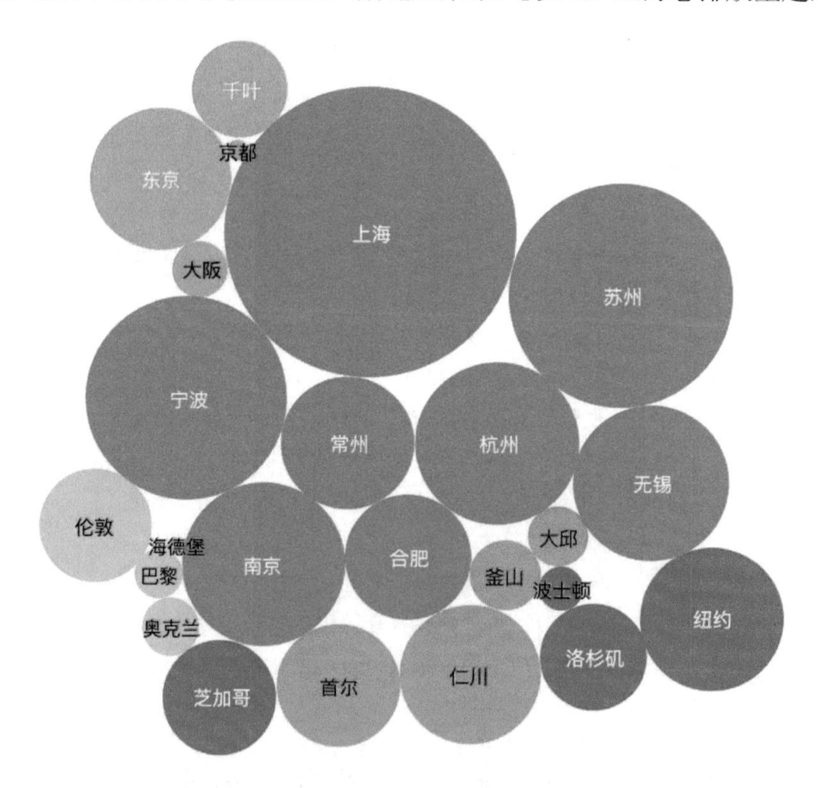

图 6-1 国内外城市温室气体排放总量比较

① 蔡博峰，等. 中国城市温室气体排放（2015 年）[M]. 北京：中国环境出版集团，2019.

南京、杭州、无锡、常州和合肥总排放量为 5 000 万～9 000 万 t，纽约、东京和仁川也在此范围内。其余国际城市排放总量均在 5 000 万 t 以下，其中京都和海德堡是总排放量低于 100 万 t 的城市。

中国城市的土地面积普遍较大，国外城市普遍面积较小，且大多已经排放达峰，主要的温室气体来自服务业和生活排放以及交通排放。就世界各州（市）而言，日韩城市温室气体排放水平相对较高，东京、仁川、首尔的排放总量超过 4 500 万 t，主要是因为亚洲是目前世界经济增长最迅速的地区，也是世界人口最集中的地区。

欧洲城市的温室气体排放水平整体较低（只有英国伦敦的排放量超过 4 200 万 t），这与其拥有较清洁的能源结构和低排放的行业直接相关。美国城市大多数排放水平不高，但是个别城市却十分突出，如纽约的排放总量超过了 6 500 万 t。

6.2.2 人均温室气体排放

国内城市中杭州和宁波人均温室气体排放量整体偏高，欧洲城市人均温室气体排放量最低，如图 6-2 所示。24 个城市中排名前 10 的城市有 6 个是长三角地区城市，包括宁波、苏州、常州、无锡、上海和南京，大多是工业型城市。国外城市中，仁川和芝加哥的人均排放量最高，分别为 21.32 t/人和 16.06 t/人，其排放特点是交通及服务业和生活排放所占的比例较高。

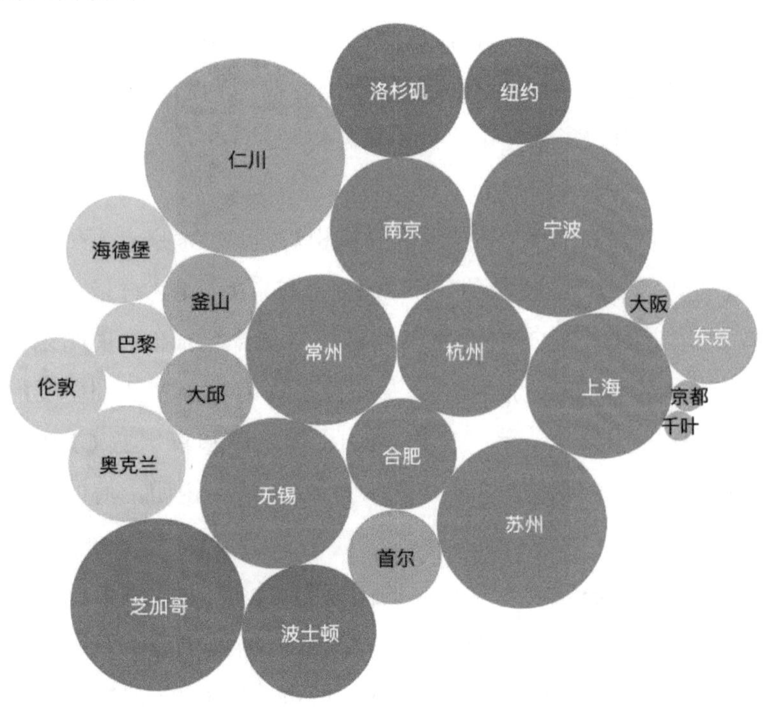

图 6-2 国内外城市人均温室气体排放比较

日韩城市整体人均排放较低，除仁川外，其余城市人均温室气体排放均在 5 t/人以下。工业排放量占总排放量的比例普遍较低，交通、服务业和生活排放量的比例相对较高。东京是日本人口最多、商业集聚最密集的城市，同时也是日本排放量最大的城市，但人均排放量却没有很高，其排放量的 95%都来自能源相关的二氧化碳排放。

欧洲城市整体人均排放量也相对较低，均在 7.5 t/人以下。欧洲发达国家已经过了经济快速发展、资源能源高消耗的阶段，欧洲城市的产业结构以第三产业为主，不再有高耗能的工业和低端制造业，能源较为清洁，因此实现了人均低排放。美国城市人均排放量普遍较高，这与地区居民的资源与能源消耗模式较高有关。纽约拥有全美最高的排放总量，但人均排放量只有 6.11 t，这主要归功于城市的温室气体排放管理以及政府制定的长期减排计划具体的行动措施，也与其高人口密度而使资源被高效利用、建筑能效法规较完善有关。

6.2.3 单位 GDP 温室气体排放

国内城市单位 GDP 温室气体排放总量远高于国际典型城市。城市温室气体排放与城市的经济发展状况具有相关性，因此考虑单位 GDP 温室气体排放能更好地衡量经济发展与温室气体排放强度的关系。

在 24 个国内外城市中，国内城市的 8 个城市位于前 9 位（仁川第 2），其中宁波、苏州、上海和常州单位 GDP 温室气体排放量在 1 t/万元人民币以上。国外其他城市（除仁川）单位 GDP 温室气体排放量均在 0.5 t/万元人民币以下。这反映出国内外城市间产业结构的差异巨大，中国大多数城市仍处于依赖工业生产的阶段，产生单位 GDP 所排放的温室气体多于以服务业为主导的城市。

日韩城市中日本单位 GDP 温室气体排放量相对较低，东京、大阪和京都单位 GDP 温室气体排放量在 0.11 t/万元人民币以下。2015 年东京的 GDP 总量是日韩城市和国内城市中最高的，而东京的单位 GDP 温室气体排放量却排名很低，说明东京的经济发展与温室气体排放基本实现脱钩。此外，上海和首尔均为本国和亚洲主要的金融中心，城市经济发展主要集中在第二、第三产业。2015 年上海和首尔的 GDP 总量相似，但是上海的单位 GDP 温室气体排放量却是首尔的 6.33 倍。说明上海的城市能源利用效率仍然较低。

欧洲和美国是世界经济发展水平最高的国家和地区，多数城市已经过了依赖工业的阶段，能耗低、增加值高的服务业成为支柱产业，实现了经济发展与能耗的脱钩以及单位 GDP 的低排放。长三角地区城市与国际城市单位 GDP 温室气体排放比较情况见图 6-3。

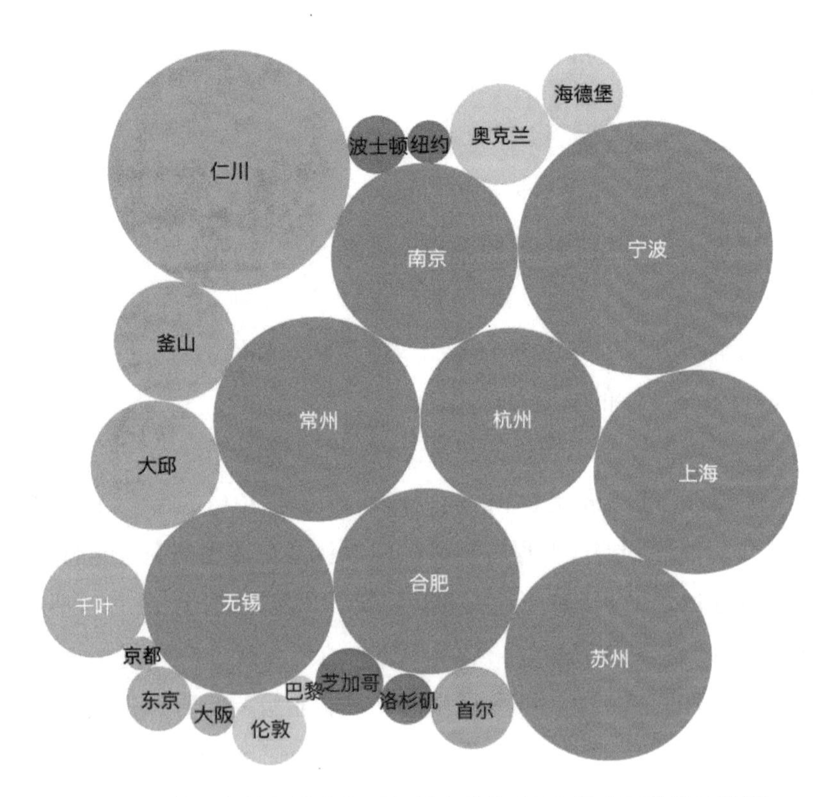

图 6-3　长三角地区城市与国际城市单位 GDP 温室气体排放比较

6.3　形势与挑战

与国内经济发达省份相比，浙江温室气体总排放量和人均排放量都高。浙江经济发展较好，在低碳发展方面应该处于领先地位。然而，浙江目前高碳产业集聚，部分城市出现能源反弹，绿色低碳发展的基础尚不牢固。

浙江不同城市之间低碳发展差异加大。不同城市之间的发展差距显著，加之城镇化进程将催生能源消耗和碳排放的刚性需求，对温室气体排放控制造成较大挑战。有 12 个城市提出了明确的达峰时间，但是尚未形成明确的达峰路线图，而其他 29 个城市尚未在达峰和碳排放总量方面提出任何具体目标。

浙江各类试点推进缓慢。浙江布局着许多低碳城市、低碳社区、近零碳排放区试点示范项目，然而当前绝大多数低碳试点指导政策都颁布于“十二五”时期，控温方案颁布以来尚没有真正意义上的关于深化低碳试点的指导性政策文件出台。相较于近年来各地试点建设进程和新时期我国内外部环境的变化，显得较为滞后。

6.4 美丽浙江应对气候变化技术路径

基于目前浙江的政策文件和发展情况，在继续执行现有的政策措施导致5年后的浙江碳排放作为基准情景，利用LEAP模型模拟未来5年浙江的温室气体排放情况。其中综合控制情景包括6个子情景：清洁燃料替代子情景、工业节能子情景、建筑节能子情景、机动车控制子情景、新能源开发与利用子情景和森林碳汇子情景。通过综合分析，确定最适合长三角未来5年的发展目标。

LEAP是一种集成的、基于场景的建模工具，用于能源政策分析和气候变化缓解评估。规划考虑了能源部门和非能源部门。研究时间跨度为2015—2025年，基线年为2015年，间隔年为5年。能源和非能源最终用途部门都包括在该模型中。能源部门包括5个最终用途子部门（家庭、工业、交通、商业和建筑）和转换部门。后者包括输电和配电、发电和热电联产，而产生的排放则分配给终端能源消耗部门。非能源部门考虑工业过程、农业过程、废物处理和森林碳汇。需要区别的是，非能源领域的农业过程是通过水稻种植、土壤管理、肠内发酵和粪肥管理等产生温室气体排放而并非能源消耗。长三角LEAP模型下二氧化碳排放路径分析见图6-4。

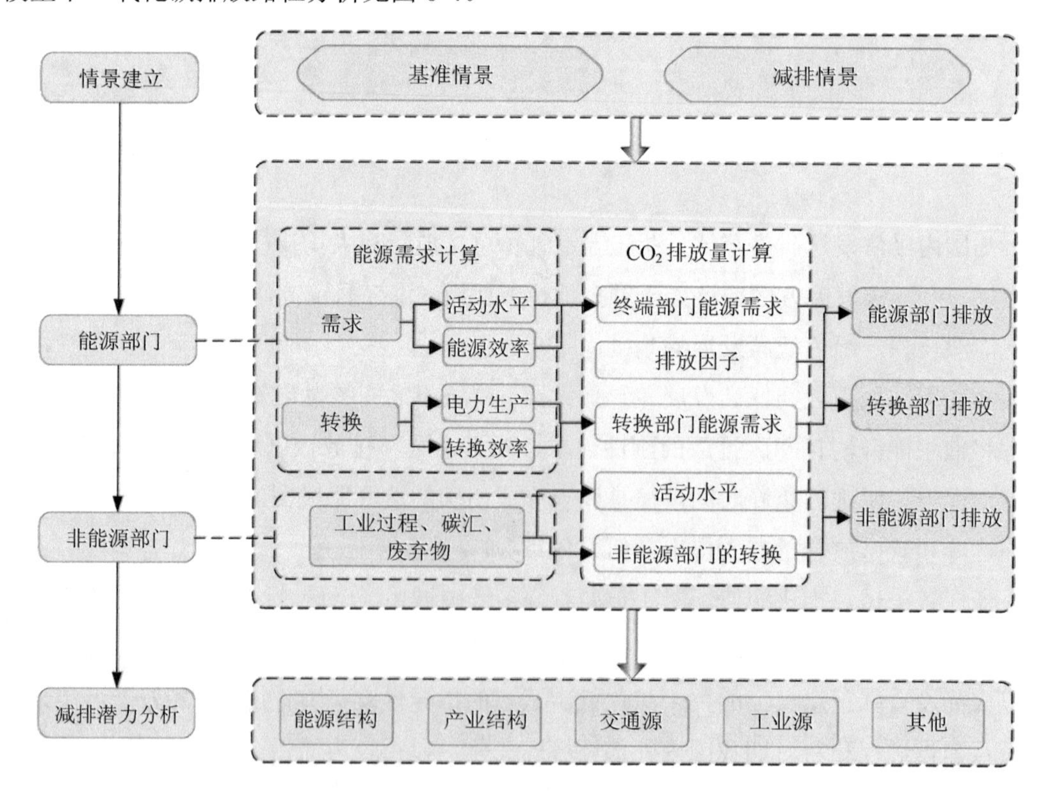

图6-4 长三角LEAP模型下二氧化碳排放路径分析

表 6-5 列出了浙江 LEAP 模型的关键宏观经济假设，包括人口、城镇化率、家庭规模、区域 GDP。根据一次能源需求和二次能源需求的总量，结合终端能源设备的使用效率和转换效率，计算出最终能源消耗总量；下半部分是 CO_2 排放量的计算：根据模型求出的最终能源消费量，结合不同种类能源的排放因子，计算出 CO_2 排放总量。能源消耗量和 CO_2 排放量的具体计算公式如下：

（1）能源需求预测

$$Q=\sum_{n}\sum_{k}P_{m,k,n}\times E_{m,k,n}\times h_m$$

式中，Q—— 能源消费总量，kg；

n—— 能源使用设备；

k—— 活动部门；

m—— 能源类型；

$P_{m,k,n}$—— 某一能源类型在某一活动部门使用某一种设备的活动水平，%；

$E_{m,k,n}$—— 某一能源类型在某一活动部门使用某一设备的能源强度，kW·h 或 kg；

h_m—— 不同能源的折标煤系数，kgce/（kW·h）或 kgce/kg。

（2）CO_2 排放量预测

$$C=\sum\sum P_{m,k,n}\times E_{m,k,n}\times f_m$$

式中，C—— CO_2 排放量，kg；

f_m—— 不同能源的 CO_2 排放系数，本章采用 IPCC 收录值；

其余字母含义同上。

表 6-5　浙江 LEAP 模型情景设置

	部门	措施	基准情景	综合情景
能源部门	家庭	提高用电设备的能效	保持基准年情景不变	每年提升 0.4%
		加速天然气能源替代计划	保持天然气占比 30%不变	2025 年天然气占比达到 55%
	交通部门	公共交通推广新能源汽车	保持基准年情景不变	2025 年新能源汽车占比提升至 55%
		提高私家车中电动汽车占比	保持基准年情景不变	2025 年电动汽车占比提升至 15%
		减少摩托车存储量	2025 年减少 40%	2025 年减少 70%
		提升公共交通运行效率	出行效率保持不变，能源强度不降低	效率提升，能源强度降低 5%

	部门	措施	基准情景	综合情景
能源部门	工业部门	减少能源密集型产业	能源密集产业2020年降至11.7%，2025年降低至10%	能源密集产业2020年降至10.9%，2025年降低至8%
		优化能源结构	2025年机电设备占比提升至45.6%	2025年机电设备占比提升至53.2%
		用电能和天然气替代煤炭	煤炭占比2020年下降至16%，2025年下降至12%	煤炭占比2020年下降至11%，2025年下降至9%
		提高生产效率	2025年能源强度下降30%	2025年能源强度下降35%
	建筑部门	提高建筑能效	保持基准年情景不变	2025年能源强度下降15%
	商业部门	提高电器效率	2025年能源强度下降25%	2025年能源强度下降30%
		采用清洁能源供热	天然气占比由35%提升至2025年的60%	天然气占比2025年提升至70%
	转换部门	减少煤电厂	煤电厂装机容量到2025年减少到45 000 MW	装机容量到2025年减少到40 000 MW
		发展天然气发电厂	天然气电厂装机容量2025年增加至15 000 MW	天然气电厂装机容量2025年增加至15 000 MW
非能源部门	工业过程	减少玻璃制造	玻璃产量的比例在2025年下降26%	玻璃产量的比例在2025年下降30%
	农业过程	减少畜牧养殖	在此期间，家禽、猪和牛分别减少了32%、11%和22%	在此期间，家禽、猪和牛分别减少了45%、17%和29%
	废弃物处置	减少固废产量	与基准年0.04 t/万元保持一致	到2025年降低至0.03 t/万元
		提升水管理	与基准年153 t/人保持一致	到2025年降低至130 t/人
		固废循环利用	与基准年的回收率保持一致	2025年回收率增至4%
		提升废弃物焚烧处理	与基准年的39%的焚烧率保持一致	2025年焚烧率增长至42%
	森林碳汇	造林	保持基准年情景不变	每年增加0.5%

6.5 全省域应对气候变化关键举措

实现产业体系能源供应的绿色低碳转型，对标日本和德国2030年的人均碳排放量。低碳生活方式和消费理念深入人心，低碳试点示范不断深化，实现一批城市和部分行业碳排放率先达峰。

6.5.1　推动产业低碳发展

（1）重点发展低碳排放的现代服务业

提升发展金融、信息、现代物流、会展等生产性服务业，支持发展教育、文化、养老、家政等生活性服务业。加大服务业重点企业培育力度，促进服务业低碳化、规模化、品牌化、国际化发展。

（2）推动高碳产业低碳化改造

制定重点行业单位产品温室气体排放标准，优化品种结构。在符合国家产业政策的前提下，鼓励高碳行业通过区域有序转移、集群发展、改造升级降低碳排放。推动高碳制造业低碳发展。大力发展高碳行业循环经济。

（3）大力发展生态循环农业

深入推进现代生态循环农业试点省建设。深入实施化肥农药减量增效行动。选育高产低排放良种，改善水分和肥料管理，有效控制甲烷排放。推广稻鸭、稻鱼共育，减少稻田甲烷排放量。严格落实生态畜牧业发展规划和畜禽禁限养区划定，调整畜禽养殖种类、规模和总量。

6.5.2　优化能源结构

（1）强化推进能源战略和规划的导向作用

制定和完善浙江能源发展规划体系，积极开展建设清洁能源示范省的工作。抓紧推进新能源和可再生能源开发利用与产业发展专项规划，鼓励和支持新能源和可再生能源开发。降低能源消耗，改善能源消费结构，控制浙江能源消费总量和增量，相应控制二氧化碳排放。

（2）推广使用天然气、核能等清洁能源

加大清洁能源基础设施建设力度，提高天然气在能源消费中的比例。重点推进天然气门站和高中压调压站建设。加快三澳核电厂 35 kV 供电及线路迁改工程建设，继续支持秦山核电厂和三门核电站正常商业运行。把发展天然气、核电和水电作为促进浙江能源结构向低碳化发展的重要措施。

（3）加快新能源和可再生能源开发利用与产业发展

加强风能特别是海上风能资源监测、太阳能监测，完善并落实风能、光伏发电以及生物质能发电的上网电价机制。加快推进宁波镇海渔光互补光伏发电项目、兰溪清源农光互补光伏发电项目、衢州市“100 MW 光伏小康工程”集中式地面电站项目等 42 个普通地面光伏电站进程。

（4）优化以火力发电为重点的二次能源利用

加强煤炭清洁高效利用，大幅削减散煤利用。大力推进天然气、电力替代交通燃油，积极发展天然气发电和分布式能源。探索清洁、高效的火力发电技术。

6.5.3 增强森林等生态系统碳汇能力

（1）增加森林碳汇

提高森林覆盖率，实施森林植被恢复、荒山造林、退耕还林等工程增加森林面积，继续实施天然林保护、三北及长江流域防护林体系建设、石漠化综合治理等重点生态工程，重点推进平原绿化、重点防护林、森林抚育、彩色健康森林和木材战略储备林建设、木本油料产业提升等林业重点工程建设。优化森林林相结构，保护天台山、普陀山、雁荡山、莫干山、天目山、天姥山、大明山等自然资源，加快改造残次林、纯松林、布局不合理桉树林。

（2）增加城市绿地碳汇空间

构建“郊野公园—城市公园—社区公园”三级公园服务层级和网络体系。开展生产绿地建设，大力发展城市近郊苗木生产基地建设，强化苗木品种和苗木质量的引导和控制力度，大力培育地带性植物种类。

（3）增加海洋蓝色碳汇建设

保护和修复现有的蓝碳生态系统，设定各沿海市的红树林、海草床和盐沼的最低覆盖率。在红树林、海草床和盐沼等蓝碳生态系统广泛分布的地区，通过生态红线、海洋保护区、环境影响评价等手段严格控制开发强度，维护蓝碳自然生态系统的结构和功能的完整性。继续开展红树林、海草床等生态系统修复工程。研究大型藻类和贝类养殖的固碳机制、增汇途径和评估方法，建立蓝碳监测和调查研究的技术方法和标准体系。利用市场手段推动蓝碳发展。

6.5.4 推动交通低碳化

（1）构建绿色交通运输体系

推进现代综合交通运输体系建设，加快发展铁路、水运等低碳运输方式，推动航空、航海、公路运输低碳发展，发展低碳物流。深入推进绿色交通省试点建设，加快建设客运专线和城际轨道交通，大力发展绿色水路运输。

（2）优化发展公共交通

加快城市轨道交通、公交专用道、快速公交系统等大容量公共交通基础设施建设，规划建设蛛网式的公共交通网络。加强各类公共交通的配合衔接，加快城市慢行系统建设。大力推广电动汽车、混合动力、天然气等新能源、清洁能源车辆。

6.5.5 促进废弃物低碳化处置

（1）加大城乡废弃物处理力度

积极推进垃圾资源化利用，提升废水废弃物处理和循环利用水平。深入推进“五水共治”，巩固提升剿灭劣V类水成果。重点加强造纸、化工、食品等行业污水处理过程中甲烷回收利用。加大城镇生活污水再生利用力度。

（2）强化废弃物管理和激励政策

严格执行《浙江省固体废物污染环境防治条例》。建立全省固体废物管理网络，健全生活垃圾分类、资源化利用、无害化处理相衔接的收转运体系。推进餐厨垃圾无害化处理和资源化利用，鼓励残渣无害化处理后制作肥料。培育和发展垃圾处理设施建设的产业化。

6.5.6 适应气候变化影响

（1）提高城乡基础设施适应能力

将适应气候变化纳入城市群规划、城市国民经济和社会发展规划、生态文明建设规划、土地利用规划、城市规划等。科学规划建设城市生命线系统和运行方式，加强相关领域的规划布局，根据适应需要提高建设标准。推进海绵城市建设，做好对城市河湖、坑塘、湿地等水体自然形态的保护和恢复。

（2）加强农业与林业领域适应能力

提高城乡基础设施适应能力，加大投入、积极推进粮食生产功能区和现代农业示范区建设，完善农田道路和灌溉设施。优化配置农业用水，完善灌溉供水工程体系，提高灌溉供水保障能力。引导畜禽和水产养殖业合理发展，探索基于草地生产力变化的定量放牧、休牧及轮牧模式，鼓励农牧区合作，推行易地育肥模式。

（3）提高林业及其他生态系统适应能力

加快制定森林公园管理、湿地保护等方面的规定，实施重点防护林、生物防火林带和阔叶林改造工程，加大阔叶林保护力度。加快优良遗传基因的保护利用。大力培育适应气候变化的良种壮苗。加大湿地恢复力度，开展重点区域湿地恢复与综合治理，努力提升湿地生态系统适应气候变化能力。加快沙区植被恢复，努力提升荒漠生态系统适应气候变化能力。

（4）加强水资源管理和设施建设

全面落实建设项目水资源论证工作，提高论证质量，规范水资源有偿使用制度，全面实施取水计量收费。加强水政监察，促进依法管水。实施水功能区管理，加强水资源保护工作，提高水资源承载能力。抓好饮用水水源地安全保障工作，继续做好地下水禁（限）采工作。积极推动节水型社会建设，组织开展各行业节水工作。

（5）提高海洋和海岸带适应能力

加强对台风、风暴潮、巨浪等海洋灾害预报预警，健全应急预案和响应机制，提高防御海洋灾害的能力。提高沿海城市和重大工程设施防护标准。推进海洋生态系统保护和恢复，对集中连片、破碎化严重、功能退化的自然湿地进行恢复修复和综合治理。实施海岛防风、防浪、防潮工程，提高海岛海堤、护岸等设防标准，防治海岛洪涝和地质灾害。

6.5.7 完善应对气候变化政策机制

（1）构建大气污染和气候变化协同减排体系

率先加强大气污染物与温室气体协同作用减排。将应对气候变化相关政策、规划、标准与生态环境保护相关政策、规划、标准等相融合，构建大气污染物与温室气体协同控制政策体系框架，构建大气污染防治和应对气候变化的长效协同机制。研究制定大气污染物与温室气体排放协同控制工作方案，并鼓励浙江下属的 11 个地级市出台差异化协同控制方案。

（2）完善区域应对气候变化政策及指标评价体系

从不同城市群的城市空间布局、产业结构、能源系统等多个角度出发，构建不同的城镇化发展模式，探索不同行业的能源消费和碳排放变化趋势。从能源、交通、科技、环境、经济和生活消费等系统进行综合分析，并构建指标体系。通过指标体系，对浙江城市群进行分等定级。加快传统制造业的转型升级，建设浙江新能源生产产品的消费园区。结合新型城镇化建设和社会主义新农村建设，扎实推进低碳社区试点。

（3）发展碳金融

浙江可以继续借助阿里巴巴平台建立碳账户推广平台，搭建包括浙江所有城市在内的碳账户制推广平台，以及汇集低碳知识、资讯、产品和技术等内容的碳账户宣传推广专业网站、App 程序、微信公众号等。加快推进绿色金融信息管理系统建设，引导和推动金融机构开展绿色企业（项目）等级评价、融资主体绿色分类贴标试点、环境信息披露等工作。加快推进环境权益资源市场化改革，构建排污权二级市场交易机制。

（4）发展碳标签

大力推动一些日常消费品试行碳标签。尽快出台“碳标签”涉及的各项标准与规范。与已有先行者“蚂蚁森林”合作，使“能量球”的核算方式更加科学。

第 7 章　全系列美丽幸福城乡研究①

城乡建设事业是改善民生、提高人民群众生活质量的重要保障。本章主要从美丽乡村建设、美丽城镇建设、生态示范创建等方面对浙江城乡建设的现状进行了归纳及总结，明确了浙江城乡建设存在的问题，在此基础上明确浙江美丽建设城乡发展的总体目标和主要任务。

7.1　基础与现状

7.1.1　城镇化与人口发展

城镇化建设是美丽城乡建设的重要推动力，美丽城乡建设是城镇化建设的重要组成部分。随着经济社会的快速发展，浙江城镇化水平得到大幅提升，常住人口也呈逐年增加的趋势。

城镇化发展方面。作为全国城镇化最快的地区之一，浙江正在推动城镇化从速度提升向品质提升转变。2002—2019 年，浙江深入实施新型城市化战略，各项建设工作取得了显著成效。《中国统计年鉴 2020》显示，2019 年，全省城镇化率为 70.00%，全省城镇化率高于全国平均水平，且呈上升趋势，平均每年增长 1.0%，总体上进入了城镇化成熟发展期。

人口增长情况方面。全省常住人口呈增加趋势。《浙江统计年鉴 2020》显示，2019 年，全省常住人口 5 850 万人。其中，男性人口 3 004.7 万人，女性人口 2 845.3 万人，分别占总人口的 51.4%和 48.6%。2002—2019 年，全省常住人口逐年增加，18 年间全省常住人口增长率为 22.48%，高于全国 7.57%的平均水平。全省人口自然增长率总体呈增

① 本章执笔人：郑利杰、车璐璐。

加趋势，2019 年，全省人口自然增长率为 4.99‰。全省城镇人口与农业人口变化趋势相反，随着城镇化进程的加快，2002—2019 年，全省城镇人口呈增加趋势，相反地，全省农业人口呈减少趋势。

7.1.2 城乡社会公共服务

城乡社会公共服务是由政府提供的保障全体社会成员的基本生存权和发展权所必需的最低程度的公共服务。高水平推进美丽城乡建设，需要大力提升社会公共服务水平。近年来，浙江大力实施公共服务提升行动，城镇医疗卫生、社会养老、劳动就业创业等重点领域服务水平稳步提升。随着城镇化水平的提升，农村人口数量逐年减少，乡村卫生室数量、参加农村居民基本养老保险人数逐年减少。

（1）医疗卫生条件方面

全省城镇医院数量逐年增加，2002—2019 年，全省城镇医院平均每年增加 48 个，远高于全国各省城镇医院平均每年增加 31 个的水平。随着城镇化的提升，全省乡村卫生室数量逐年减少，2006—2019 年，乡村卫生室平均每年减少 343 个，而全国各省乡村卫生室平均每年减少 61 个。

（2）社会养老保障方面

全省参加城镇职工基本养老保险人数总体增加。根据《2019 年浙江省国民经济和社会发展统计公报》，2019 年年末，全省参加城镇职工基本养老保险人数为 3 031.72 万人，远高于全国各省平均水平，保险人数位居全国各省前列。2002—2019 年，全省参加城镇职工基本养老保险人数平均每年增加 135 万人，年均增长率为 9.98%，高于全国年均增长率 9.27%的水平。

（3）劳动就业创业方面

全省城镇社会就业充分，根据《2019 年浙江省国民经济和社会发展统计公报》，2019 年全年浙江城镇新增就业 125.7 万人，年末城镇登记失业率为 2.52%，比上年下降 0.08 个百分点。2002—2019 年，全省城镇新增就业人口总数达到 1 682 万人，年末城镇登记失业率维持在 2.52%～4.2%。全省不断提升深入实施“千万农民素质提升工程”，加强农民转移就业技能培训、农业职业技能培训和农村劳动力“双证制”培训，农民素质不断提升，农民就业创业能力得到增强。

7.1.3 美丽城镇建设

改善人居环境，培育绿色生活，提升园林绿化水平，是美丽城镇建设的重要举措。近年来，浙江通过建设环境基础设施、发展绿色交通、开展园林绿色建设等，积极推进美丽城镇建设。

（1）人居环境改善方面

近年来，浙江加快城镇污水处理厂建设、改造、配套截污管网和污泥处置设施项目建设，提高了城市污水处理率、污水处理厂负荷率和达标率。截至 2019 年年底，浙江共建成城镇污水处理厂 312 个，污水处理总能力达到 1 449 万 t/d，污水处理率 96.48%。全面深化“三改一拆”，将危旧房改造、棚户区改造和“三改”工作结合起来，突出城中村改造，2019 年完成“三改”15 324 万 m^2，完成城中村改造（拆迁和整治）671 个，总户数 14.18 万户，建筑面积 3 247 万 m^2。

（2）绿色生活方式培育方面

浙江实施绿色交通工程，全省已形成带、网、片、点相结合，层次多样、结构合理、功能完备的绿色交通长廊。全面推进城镇绿色建筑发展，在全国率先出台了《关于积极推进绿色建筑发展的若干意见》，累计获得国家绿色建筑标识 60 项，其中 4 项获国家绿色创新奖；在全国率先全面实施民用建筑节能评估制度，形成了民用建筑节能设计良性发展的工作机制；在全国率先建立较为完善的建筑节能标准体系；在全国率先开展建筑节能监管平台建设。大力倡导绿色消费、低碳生活。

（3）园林绿化建设方面

浙江编制出台了《浙江省城市绿线划定导则》和《浙江省城市行道树种植管养技术规范》。开展了全省优质综合公园、街容示范街、绿化美化示范路评选。开展“发现浙江省最美绿道”活动，评选一批浙江省最美绿道，全省新增绿道 1 000 km。截至 2019 年，全省共创建国家生态园林城市 2 个，国家园林城市 31 个。深入推进城镇园林绿化，截至 2019 年年底，全省创成国家园林城镇 9 个，省级园林城镇 61 个（2019 年新增 13 个）。

7.1.4　美丽乡村建设

浙江从 2003 年实施“千万工程”开始，大力实施美丽乡村建设，聚焦村道硬化、卫生改厕、垃圾处理、污水治理、村庄绿化，实施农村人居环境整治。传统村落是古老农耕文明的结晶和中华民族的精神源泉，浙江按照建设新时代美丽乡村的工作要求，先后启动实施多批次历史文化（传统）村落保护利用工作，落实了保护资金，有力地促进了全省传统村落的保护开发和农村历史文脉的传承。

（1）人居环境整治

浙江坚持规划先行，充分发挥规划引领发展、指导建设、优化布局、配置资源等基础作用。按照“缩减自然村、拆除空心村、改造城中村、搬迁高山村、保护文化村、培育中心村”的要求，城乡一体编制村庄布局规划，确定了 200 个省级中心镇、4 000 个中心村和 1.6 万个保留一般村，形成了以“中心城市—县城—中心镇—中心村”为骨架的城乡空间布局体系。按照能落地、可实施和条上规划配套、块上规划衔接的要求，形成了以县域美丽乡村建设规划为龙头，村庄布局规划、中心村建设规划、农村土地综合整治规划、历史文化村落保护利用规划为基础，与土地利用、城乡体系、基础设施建设、公共服务发展等相关规划相互衔接配套的规划体系。

同时，以村道硬化、卫生改厕、垃圾处理、污水治理、村庄绿化为重点，加强村庄环境综合整治建设。到 2013 年年底绝大多数建制村完成整治，一大批“脏乱差”的村庄变成了“水清、路平、灯明、村美”的洁净村庄。2019 年，新建和改造提升农村公路 1.2 万 km，新增珍贵树木 2 400 万株，新增 522 万农村人口喝上了达标饮用水。

在垃圾处理方面，浙江抓好农村“垃圾革命”，全省上下对原先初步的、低水平的农村生活垃圾收集处理进行扩面提升，全面建立覆盖城乡、运作规范、利用高效、处理彻底、保障有力的农村生活垃圾集中收集有效处理体系，实现建制村全覆盖，现有农村保洁员 11 万多名、配置普通清运车 5 万多台、分类清运车近 2 万台、大型清运车近 3 000 台，农村垃圾“日产定时清”体系健全。同时，把农村生活垃圾减量化、资源化、无害化分类处理作为“垃圾革命”的主攻方向。在全国率先颁布《农村生活垃圾分类管理规范》，全面推行农村生活垃圾“四分四定”，即分类投放、分类收集、分类运输、分类处理和定时上门、定人收集、定车清运、定位处置。2019 年，全省新增农村生活垃圾分类处理建制村 1 775 个，农村生活垃圾分类处理建制村覆盖率达 76%，农村生活垃圾回收利用率达 46.6%，资源化利用率达 90.8%，无害化处理率达 100%，培育高标准农村生活垃圾分类示范村 200 个。

在农村改厕方面，自“千万工程”实施以来，就把农村“厕所革命”作为核心工作来抓，《关于实施“千村示范、万村整治”工程的通知》明确要求示范村全面消除露天粪坑和简陋厕所。目前，村内建有公厕，农户卫生厕所普及率达到 100%，整治村农户卫生厕所覆盖全村 80%以上的农户。这些年来，按照每年 2 000 个村、50 万户左右的进度进行农村卫生改厕，特别是从 2014 年开始，在农村生活污水治理三年攻坚中，统筹开展农村改厕工作，新增改造化粪池 301 万户。截至 2019 年年底，全省农村卫生厕所普及率为 99.93%，新增无害化卫生厕所户数 111 851 户。按照“卫生实用、环保美观、管理规范”要求，大力推进农村公共厕所建设，全省农村均建有约 2 座公厕，2019 年，现有农村公厕 6.4 万座。按照“属地管理、包干问责”的原则，明确农村公共厕所所长和厕所保洁员，构建相应的责任体系。

在农村污水治理方面，根据省委、省政府“五水共治”部署，2014 年起全面开展农村生活污水治理三年攻坚行动。2014—2016 年，全省投入资金 350 多亿元，建设厌氧处理终端站点 10.38 万个、好氧处理终端站点 1.82 万个，铺设村内主管道 3.45 万 km，新增生活污水有效治理村 2.1 万个，新增受益农户 510 万户，实现规划保留村全覆盖，农户受益率达 74%。全面推行县级政府为责任主体、乡镇政府为管理主体、村级组织为落实主体、农户为受益主体、第三方专业服务机构为服务主体的“五位一体”长效管护制度，确保一次建设、长久使用、持续发挥效用。全面推开农村劣Ⅴ类水剿灭战，梳理劣Ⅴ类水体清单、主要成因清单、治理项目清单、销号报结清单和提标深化清单“五张清单”，实施挂图作战、项目管理、对表销号，农村劣Ⅴ类小微水体基本消除。

（2）千万工程实施

浙江是习近平新时代“三农”思想的重要萌发地，也是中国美丽乡村建设的重要发源地。2003 年，习近平总书记在浙江工作时，亲自调研、亲自部署、亲自推动，做出了实施“千村示范、万村整治”工程的重大决策。浙江省委和省政府始终践行习近平总书记“绿水青山就是金山银山”的重要理念，全省上下坚持一张蓝图绘到底、一任接着一任干，锲而不舍、久久为功，一以贯之地推动实施“千万工程”，使美丽乡村成为浙江的一张金名片，实现人居环境的全面跃迁。“千万工程”被当地农民群众誉为“继实行家庭联产承包责任制后，党和政府为农民办的最受欢迎、最为受益的一件实事”。2018 年 9 月，浙江“千万工程”获联合国“地球卫士奖”，是对中国建设绿色家园的高度认可。

（3）历史文化（传统）村落保护

全省把历史文化（传统）村落视作宝贵财富，以对历史高度负责的责任担当，从 2012 年起每年启动一批历史文化村落保护利用，对重点村给予每村 500 万～700 万元补助和 15 亩建设用地指标支持。围绕“修复优雅传统建筑、弘扬悠久传统文化、打造优美人居环境、营造悠闲生活方式”目标，坚持保护建筑、保持肌理、保存风貌、保全文化、保有生活，先后开展 7 批共 304 个重点村、1 483 个一般村的保护利用，一批濒临消亡的古村落再度焕发青春、重放光彩，2019 年培育历史文化（传统）村落保护利用示范村 20 个。坚持“富口袋”与“富脑袋”并重，持续提升农民文明素质，按照“文化礼堂、精神家园”的定位，建设了 1 万多家农村文化礼堂，开展丰富多彩、积极健康的文化活动。深度发掘农耕文明、乡村传统、特色文化、民族风情，实施《千村故事》“五个一”行动计划和《千村档案》整理，传承乡土文化，留住乡愁记忆。

7.1.5　生态示范创建

（1）生态示范区创建

生态示范创建方面，根据“浙江省生态环境状况公报”，截至 2019 年年底，浙江累计建成国家生态文明建设示范市1个，国家生态文明建设示范县（市、区）18个，国家“绿水青山就是金山银山”实践创新基地7个，省级生态文明建设示范市5个，省级生态文明建设示范县(市、区)45个。累计建成国家级生态乡镇691个，省级生态乡镇1 080个，国家级生态村9个。浙江13批次建成国家级生态乡镇数量情况见图7-1。

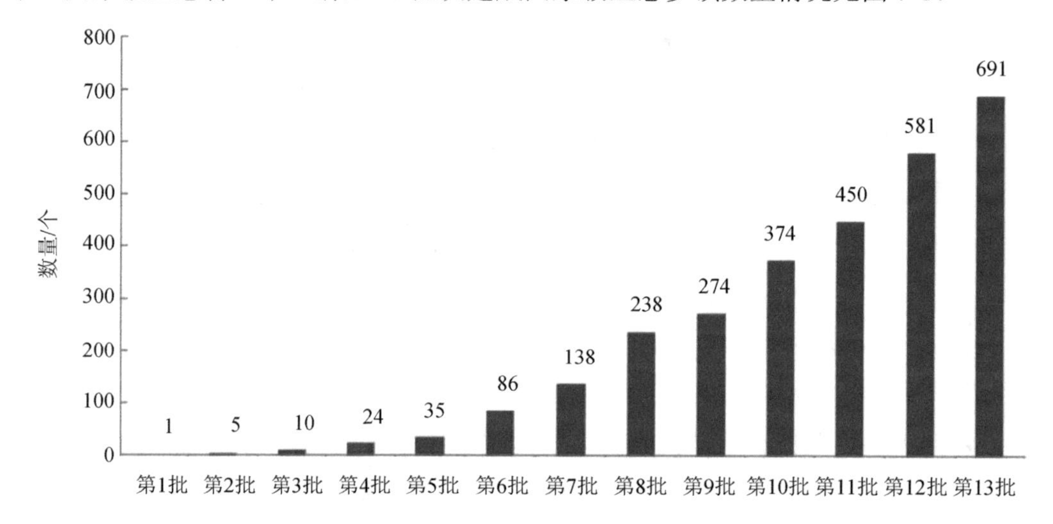

图7-1 浙江13批次建成国家级生态乡镇数量

美丽乡村示范创建方面，全域推进美丽庭院、特色精品村、示范乡镇（风景线）、示范县（先进县）联建联创，推动形成“一户一处景、一村一幅画、一镇一天地、一线一风光、一县一品牌”的大美格局。坚持“洁、齐、绿、美、景、韵”六字标准，建成美丽庭院100多万户。围绕风貌优美、特色鲜明、产业兴旺、民风淳朴，建设特色精品村2 500多个。打破村界、镇界，把公路边、铁路边、河边、山边沿线建成风景长廊，打造美丽乡村风景线500多条。以美丽乡村先进县、示范县创建为引领，逐县推进，以星火燎原之势推进全省乡村整体美丽，浙江美丽乡村名单显示，2019年全省培育创建美丽乡村示范乡镇100个、特色精品村300个。

环保模范城市创建方面，2007年7月，省环保局决定开展浙江省环境保护模范城市创建活动，印发了《浙江省环境保护模范城市创建与管理工作暂行规定》。2011年8月，修订《浙江省环境保护模范城市创建与管理工作规定》和《浙江省环境保护模范城市考核指标》（浙环发〔2011〕60号）。截至2018年年底，浙江累计建成温州、衢州、舟山、台州、丽水、余姚、奉化、临海、龙泉、平湖、慈溪、海宁、江山、建德和东阳15个省级环保模范城市，杭州、宁波、湖州、绍兴、杭州市富阳区（原富阳市）、杭州市临安区（原临安市）、义乌市7个国家环保模范城市。

国家生态工业示范园区创建方面，截至 2018 年，浙江全省共有 4 个园区进入国家生态工业示范园区名单，分别是宁波经济技术开发区、宁波高新技术产业开发区、杭州经济技术开发区、温州经济技术开发区。同时，生态环境部批准杭州湾上虞工业园区、嘉兴港区、杭州钱江经济开发区、杭州萧山临江高新技术产业园区 4 个园区进行国家生态工业示范园区建设。国家生态工业示范园区的创建工作，有力地引领和推动全省工业园区朝着循环利用、清洁生产、低碳排放等方面发展。

（2）“绿色系列”创建

“绿色系列”创建主要包括绿色学校、绿色企业、绿色社区、绿色医院、绿色家庭等。2011 年 10 月，浙江省人民政府出台了《浙江省绿色创建行动方案》，把绿色创建工作推向了新阶段。至此，浙江的绿色创建工作有了统一的规范和有序的发展。根据浙江公布的绿色学校、绿色企业、绿色社区、绿色医院、绿色家庭名单，截至 2018 年年底，全省共创建成省级绿色学校 1 822 所，省级绿色企业 955 家，省级绿色社区 880 个，绿色家庭 3 568 户。各市绿色社区创建情况见表 7-1。

表 7-1　各市绿色社区创建情况　　单位：个

地市	首批	第二批	第三批	第四批	第五批	第六批
杭州	30	28	33	41	35	35
宁波	11	9	23	19	22	12
温州	11	7	19	23	21	28
嘉兴	11	9	20	22	15	18
湖州	6	5	8	8	8	14
绍兴	7	11	19	13	15	17
金华	10	6	9	8	14	11
衢州	7	8	9	10	10	10
舟山	7	1	1	3	4	8
台州	9	7	4	8	11	10
丽水	9	9	9	11	9	10
义乌						5
合计	118	100	154	166	164	178

7.2 存在的主要问题

目前，新的发展环境已经形成，世界进入资源环境友好、人文关怀至上的生态文明时代。在这一背景下，亟须建设宜居宜业的美丽城乡，凸显人文关怀，形成城乡融合、全域美丽的新格局。全省美丽城乡建设仍面临着以下问题与挑战：

（1）城乡融合发展仍需加快

建设新时代美丽城镇，是服务城市、带动乡村的关键环节，新型城乡关系的构建需要以美丽城镇为突破口。然而目前全省城乡要素的合理流动速度相对较慢，美丽城镇连通城乡的枢纽作用需要突出，城乡基础环境设施的建设和维护水平有待提升，城市公共基础设施和服务向农村延伸的力度仍需加大。

（2）城乡人居环境质量与人民群众日益增长的美好生活需要还有差距

物质产品供给与生态产品供给存在不同步、不相称问题；环境基础设施与交通基础设施建设仍显滞后，城乡可持续发展能力有待提升；生态优势尚未充分转化为群众生存发展和美好生活的经济优势，城乡绿色发展探索实践有待进一步加快。

（3）美丽乡村建设面临转型升级的压力

如部分村基础环境设施的长效管护不到位，存在平常没人管、坏了没人修、更新没能力的现象；部分村农民主体作用不明显，政府包办、政府买单过多；向美丽经济转化的通道有待拓宽，部分村美丽乡村建设与农业农村转型发展、农民创业增收的结合不够紧密，业态培育方面效果不明显。

（4）美丽浙江示范创建有待深化

尽管浙江在生态示范区创建方面已取得较好成绩，但面对到 2035 年全国生态环境根本好转、美丽中国目标基本实现的总体要求仍存在较大差距，需继续深化美丽浙江示范创建，以美丽城市、美丽城镇、美丽乡村为细胞工程，推动实现全面建成美丽浙江的伟大目标。

7.3 全系列美丽幸福城乡建设路径

到 2025 年，提出构筑“美丽城市+美丽城镇+美丽乡村”的空间形态，基本达到“生产空间集约高效、生活空间宜居适度、生态空间山清水秀”的建设要求，全省各项生态环境建设指标继续处于全国前列，成为全国生态文明建设高地，全面建成全国生态文明示范区和美丽中国先行区。到 2035 年，全省生产空间集约高效、生活空间宜居适度、生态空间山清水秀、生态文明高度发达的绿色发展空间格局、产业结构、生产生活方式全面形成，生态环境优美成为普遍常态，人民对优美生态的需要得到有效满足，全面建成美丽浙江。

——美丽城市建设全面建成，城乡居民普遍拥有较高的收入、富裕的生活、健全的基本公共服务，资源利用效率、主要健康指标等达到国际先进水平。

——美丽城镇建设取得决定性进展，城乡融合发展体制机制更加完善，全省小城镇高质量全面建成美丽城镇。

——美丽乡村建设达到国际先进水平，浙江美丽乡村大花园在国际上有较高的知名度和美誉度，率先实现农业农村现代化。

7.3.1 创造幸福宜居的生活品质

（1）建立便捷生活服务圈

基于镇村空间布局现状，突出镇村联动打造生活圈，统筹建设 15 min 建成区生活圈、30 min 辖区生活圈，优化配置幼儿园、中小学校、社区医院、菜场超市、银行网点、邻里中心等场所。以水为脉构建城市慢行休闲系统，构建中心城区公园绿地 10 min 服务圈，合理配置袖珍公园、步行绿道等体育健身和公共活动空间，提升城市绿地覆盖率。同时，充分发挥邻里中心多功能、便民惠民的积极影响，加快构建舒适便捷、全域覆盖、层级叠加的镇村生活圈体系。

（2）提升公共服务品质水平

以基本公共服务均等化为导向，聚焦城乡医疗、教育、养老保障等公共服务，提升公共服务品质水平。进一步提升教育、医疗、文化、体育、健康、休闲等公共服务一体化水平，健全全民覆盖、普惠共享、城乡一体的基本公共服务体系，推进城乡基本公共服务标准统一、制度并轨。积极组织开展以社区为单元的群众性文化活动，实现常住人口公共文化服务全覆盖，体现人文关怀。实施公共文化服务重点县及薄弱乡村文化建设“十百千”工程，实现乡、村两级公共文化服务全覆盖。加强高等级专项体育场馆和训练基地的规划建设，完善国际、国家级体育赛事承办设施体系。

以提升医疗健康服务水平为重点内容，深入实施“双下沉、两提升”工程，加快高水平医疗联合体和县域医疗服务共同体建设，以强化急救、全科、儿科、老年病科、康复护理和中医药等服务为重点，提升基层医疗卫生机构服务条件和能力，实现基本医疗服务能力达标升级。加强乡村医疗卫生人才队伍建设，改善乡镇卫生院和村卫生室条件。到 2025 年，以县级强院为龙头、其他若干家县级医院及乡镇卫生院（社区卫生服务中心）为成员的医共体实现全覆盖。

促进城乡教育优质均衡发展，优先发展农村教育事业，推动教师资源向乡村倾斜，加快提升农村学前教育水平。全面推进农村学校与城区学校组建城乡教育共同体，推动城乡义务教育一体化改革发展，提高教育信息化应用水平，促进教育均等化。加快构建城乡全覆盖、质量有保证的学前教育公共服务体系，引导和支持民办幼儿园提高办园质量。大力发展城乡社区教育、老年教育，倡导终身学习新风尚。到 2025 年，县域义务教育均衡化水平全面提升，实现城乡基本公共教育服务均等化。

加大优质养老服务供给，健全功能完善、投入多元、覆盖城乡的养老服务体系，重点培育衢州、丽水等地的医养产业。加快居家养老服务中心建设，扩面与提升并举。发展智慧养老服务，提升居家养老服务能力，鼓励发展社区嵌入式养老服务，推进医养结合、康养服务。鼓励家政、护理等机构进社区。加强农村社区居家养老服务照料中心建设，完善养老服务设施布局，满足农村养老需要。

（3）构建互联畅通的美丽交通体系

围绕智能交通、美丽交通、骑行绿道为主要内容积极构建绿色交通网络。倡导以公共交通为导向的开发模式（TOD 模式），积极推进各类交通方式“零换乘”接驳，优化路网结构和交通组织，增加停车泊位供给，完善近距离慢行交通网，建设智能交通系统，推进城乡客运一体化，构建外联内畅、便捷有序的交通体系。因地制宜地发展水运交通。到 2025 年，全面建成省域一小时交通圈、市域一小时交通圈和城区一小时交通圈。

发展未来智能交通。面向未来出行，积极采用 5G 万物互联和人工智能技术，发展无人驾驶汽车、智能网联汽车、绿色能源汽车、共享汽车等，加快推进智能网联汽车试验场、智慧高速公路项目建设，加强无人驾驶道路、智能停车场、高效物流配送等绿色智能交通设施的规划建设。到 2025 年，形成智能汽车、智能交通、智能设施、智能城市协同发展格局；智能汽车产业技术和产业规模居全国领先地位，建成一批 5G 车联网示范城市和智能汽车应用先行区。

推进美丽交通网络建设。谋划建设浙西南景区化高速公路，着力扩容国道、省道，持续推进“四边三化”，打造 2 万 km 以上的美丽经济交通走廊。打造“四好农村路”全国样板。实现 4A 级以上景区、世界文化遗产景区（景点）、国家旅游度假区等基本通达二级以上公路，历史文化名村、农家乐示范村、美丽乡村精品村、旅游风情小镇通达等级公路，提升交通旅游配套服务功能。

打造骑行绿道网。依托全省山脊、山谷、海岸、河流等自然廊道，结合各地特色文化，推进大花园万里绿道网建设，重点建设由环杭州湾、环南太湖、沿钱塘江、沿瓯江、沿海防护林带等构成的“两环三横四纵”骑行绿道网。到 2025 年，建成万里骑行绿道网。

7.3.2 形成绿色生产生活方式

（1）构建生态景观带

以城市公园、防护绿地、区域绿地为核心，积极发挥区域绿道、水道的纽带作用，构建城乡绿地网络和绿色生态游憩带。衔接大花园四条诗路，串村成链打造美丽乡村风景带，以支线支撑起干线。持续推进绿化造林工程，深入开展平原绿化和森林扩面提质，实施新植 1 亿株珍贵树工程，推进“一村万树”行动，建设园林城市、森林城市、园林城镇、森林城镇、森林乡村，加快建成森林浙江。

（2）强化资源节约和循环利用

以生态循环理念为导向，实施新一轮循环经济“991”行动计划，加快推进循环化改造示范试点。全面推进重点领域和重点用能企业的节能管理，实行最严格的节约集约用地制度。落实最严格水资源管理制度，实施水资源消耗总量和强度“双控”行动，严守水资源管控红线。实施国家节水行动，全面推进县域节水型社会达标建设，抓好工业节水、农业节水、城镇节水。创新“互联网+”再生资源回收利用模式，加快产业废弃物综合利用。生活中节约能源资源，合理设定空调温度，及时关闭电器电源，多走楼梯少乘电梯，人走关灯，一水多用，节约用纸，按需点餐不浪费。

（3）推行绿色生活方式

倡导简约适度、绿色低碳的生活理念，推行绿色消费，优先选择绿色产品，少购买使用一次性用品和过度包装商品，反对奢侈浪费和不合理消费。持续开展城乡垃圾分类行动，不断扩大垃圾分类覆盖范围、提升环境效益。营造良好绿色出行环境，合理控制机动车保有量，倡导以公共交通、自行车、步行等方式绿色出行，多使用共享交通工具，家庭用车优先选择新能源汽车或节能型汽车。积极推广绿色建筑，提高装配式建筑覆盖率，开展节约型机关、绿色家庭、绿色学校、绿色社区、低碳社区等创建活动。

7.3.3 建设安全高效的智慧城市

（1）建设“城市大脑”

构建以云计算为基础设施，以物联网为城市神经网络，以城市级仿真平台和认知平台为依托，以“城市大脑”为人工智能中枢的智慧城市管理系统，夯实计算、数据资源、算法、物联网、网络安全五大核心平台，深化“城市大脑”交通、平安、城管、经济、健康、环保、旅游等典型行业应用场景，鼓励各县（市、区）在统一基础平台、统一开发标准、统一应用框架下开展特色应用，建立基于全面感知的数据研判、决策治理一体化智能城市管理模式，推动政府决策科学化、社会治理精细化和公共服务高效化，使全省“城市大脑”成为标志性工程。

(2) 提升城乡数字化水平

以“数字产业化、产业数字化”为主线，全面实施数字经济“一号工程”，持续加力推进数字经济发展，争创国家数字经济示范省。运用互联网、物联网、大数据技术，推动城市治理数字化，积极建设智慧城市，启动5G网络城市试点，建成全国5G网络建设先行区，杭州成为全球5G先行城市和标杆城市。坚持多用数据、少用资源，加快网络设施数字化迭代，积极推广民生领域服务现代信息技术应用，加强城镇管理数字化平台建设，推进“城市大脑”向小城镇延伸。深入推进“雪亮工程”建设，打通基层社会治理、城乡社区治理“最后一公里”，在基层治理、政府服务、社会民生等方面融合运用，构建“数字浙江”。实施数字乡村战略，加快建设数字乡村，推动农村信息网络基础设施升级换代，实现乡村网络基本覆盖。加强乡村通信网络建设，实现光纤网络、4G网络全覆盖，农村和海岛基本实现100 M以上接入能力。加快数字化乡村治理体系建设，推动“互联网+党建”“互联网+社区”“互联网+文化”等向乡村延伸。

(3) 打造安全智能防灾减灾体系

加快大城市病综合治理，提升平安城市整体建设水平。进一步加强区域重大交通、市政、生态以及应急救灾廊道管控，抓好区域防洪排涝、水资源保障工程建设，科学配置城市应急避难场所及其配套体系，增强城市对于重大地质灾害、气象灾害、火灾、重大疫情、重大安全和污染事故、重大突发事件等应急响应与安全保障。强化现代信息技术在大都市区安全态势感知、监测预警、预防救援、应急处置、危机管理等方面的综合应用。开展安全城市示范工程建设，建立应急预警处理机制。

(4) 推进未来社区建设试点

开展未来社区示范工程建设，坚持试点先行、大胆探索、及时总结、加快推广的工作思路，突出精细化人文治理、品质化全生活链服务、高效化交通出行组织、循环化能源资源利用、数字化规划建设运营、集约化绿色建筑营造、特色化人才吸引培育、多元化建设资金平衡八大创新示范，以改造重建和规划新建两种途径，高质量推进一批以生活便利、密度合理、交通便捷、智慧互联、绿色低碳为特征的未来社区试点。

7.3.4 建设生态宜居的人居环境

(1) 深化环境综合整治

系统优化空间布局。落实城镇空间、农业空间、生态空间和生态保护红线、永久基本农田保护红线、城镇开发边界控制线，构建“多规合一”空间规划体系，抓好美丽城乡建设布局谋划。尊重规律，处理好城市、城镇、乡村的关系，推动城乡高质量融合发展，形成工农互促、城乡互补、全面融合、共同繁荣的新型城乡关系。根据全省各区域地形地貌、人文积淀、产业特色，连片成景打造各具水乡、滨海、平原、山区、丘陵魅力的跨区域组团，彰显大花园各美其美、美美与共特质。

全面提升生态宜居的城乡人居环境。结合大湾区大花园、大通道、大都市区建设，推动生产、生活、生态深度融合。推进美丽城市建设，提升城市生态系统功能。深入推进小城镇环境综合整治和“三改一拆”“四边三化”行动，实施好“百镇样板、千镇美丽”工程，持续整治环境卫生、城镇秩序和乡容镇貌。深化“千万工程”，持续开展以“除四乱、治两房、提两化”为主要内容的村容村貌提升行动，高水平建设生态宜居农村环境。积极打造美丽民居、美丽庭院、美丽街区、美丽社区、美丽厂区、美丽河湖和美丽田园等。到 2025 年，500 个左右小城镇达到美丽城镇要求；到 2035 年，美丽城镇建设取得决定性进展，全省小城镇高质量全面建成美丽城镇。

全面推进“污水革命”“垃圾革命”“厕所革命”。因地制宜地推进城乡生活污水治理，加快建制镇雨污分流改造和“污水直排区”建设。以农家乐集中村、人口集聚村、早期建设村等为重点，积极开展生活污水治理设施扩容提标，继续完善“五位一体”农村生活污水处理设施运维管理体系，全面实现农村生活污水处理设施标准化运维管理。高标准实施村庄清洁行动，全面推行生活垃圾分类，提高源头分类准确率，加强资源化处理站点运维管理，每年建设垃圾分类示范村 200 个。推进农村公厕科学合理布局，普遍推行农村公厕“所长制”，积极建设生态公厕，完善农村公厕日常运维管理财政补助机制，全面普及无害化卫生厕所。

（2）建设特色城乡风貌

特质塑造城乡风貌。加强世界级文化遗产、历史文化名城和名镇、名村、历史街区、传统民居、历史建筑及工业遗存等协同保护和统筹利用。大力弘扬浙江优秀传统文化和新时代浙江人文精神内涵，打造有乡愁的小镇、有记忆的街区，展现“诗画浙江”的特色。注重新旧建筑的风貌协调和整体设计，建设一批建筑精品，塑造具有传统风韵、人文风采、时代风尚的特色风貌，推广“浙派民居”。挖掘梳理浙江乡村特色元素，研究制定新时代美丽乡村建设指南。严格新建农房式样、体量、色彩、高度管控，既注重农房单体个性特色，更注重村落整体错落有致。

有机更新城乡形态。深刻把握山水林田湖草是生命共同体的系统思想，树立尊重自然、顺应自然、保护自然理念，尽量不砍树、不挖山、不填水、不改变河道自然流向、不拆有历史价值的老房子。以人为核心，处理好人、产、城、文、景的关系，探索“人产城文景”深度融合的建设路径。

7.3.5 营造幸福快乐的和谐生活氛围

（1）提升城乡居民素养

实施市民公共文明素质提升行动计划，提升市民在公共卫生、公共秩序、公共参与、文明礼仪等方面的文明素质，引导市民不断增强公德意识与文明意识。推进新时代文明实践中心试点工作，建立乡镇新时代文明实践场所。加强社会工作人才队伍建设，以志愿服务为基本形式开展理论宣讲进农家、核心价值观普及、优秀传统文化滋养、移风易俗、邻里守望帮扶五大行动，不断提升公民文明素养和社会文明程度，建设文明村镇。在基层党组织的领导下，提升村规民约积极作用，让群众真正在参与中做到知规知约、守规守约、用规用约。

（2）发挥文化引领作用

深入实施文化惠民工程，建设一批丰富多样、便利可达的公共文化广场、设计创意街区、城市书房、社区文化家园和文化综合体，美化城市“第五立面”，增强市民归属感和自豪感。组织开展“写家书传家风”等家庭建设活动，促进移风易俗。通过建设“书香村”，丰富群众业余精神文化生活，远离不文明的生活方式，引导人们讲道德、尊道德、守道德，加快构筑全省人民共同的精神家园，树立良好的社会风气。

（3）加强社会治理体系和能力建设

坚持发展新时代“枫桥经验”，深入开展美好环境与幸福生活共同缔造活动，以党建为引领推动自治、法治、德治融合发展，构建共建、共治、共享的社会治理格局。以“最多跑一次”改革为统领，深化“基层治理四平台”建设，推进基层综合行政执法改革，加强基层站所建设，促进基层社会治理体系和治理能力现代化。创新信访工作机制，深化“枫桥式公安派出所”创建活动，共建“矛盾不上交、平安不出事、服务不缺位”的社会治理共同体。

7.3.6 开展典型先进的示范引领

（1）建设“绿水青山就是金山银山”实践创新基地和生态文明建设示范市县

广泛开展生态文明示范区建设。继续推动“绿水青山就是金山银山”实践创新基地建设，努力开辟“绿水青山就是金山银山”实践新境界。在市、县（市、区）开展建设清新空气示范区活动，在全省形成争先创优的治气氛围。大力开展生态文明建设示范市县、海洋生态建设示范区、节水型城市、卫生城市、园林城市、文明城市、森林城市、生态文明教育示范基地等建设。推进湖州、衢州、丽水等地“绿水青山就是金山银山”实践示范区建设。到 2022 年，80%以上的市、县（市、区）建成省级以上生态文明示范市、县（市、区）。

积极推进“绿色细胞”建设。推广湖州让“绿色细胞”遍布各行各业的做法经验，将“绿色细胞”创建融入全市经济、政治、文化、社会、生态文明各个领域。通过实施绿色社区、绿色学校、绿色家庭、绿色企业、生态乡（镇）村等“绿色细胞”工程，强化辐射带动，绿色意识渗透校园、社区、企业、乡村。组织“回头看”，考核创建基础设施、台账资料、现场管理等方面，以创建为抓手、以复评为手段，建立“绿色细胞”创建长效机制。

（2）开展新时代美丽乡村示范创建

坚持全域化、多层次推进新时代美丽乡村建设，从建设发展水平较差的村抓起，对标《新时代美丽乡村建设规范》，按照缺什么补什么原则，逐村补齐短板、补强弱项，每年创建新时代美丽乡村达标村 5 000 个，其中 30%以上达到精品村标准。全面达标与示范引领同时推进，全省每年公布美丽乡村示范县 10 个、美丽乡村示范乡镇 100 个，美丽乡村特色精品村 300 个。从一家一户入手，每年创建美丽庭院 25 万户，推动美丽乡村建设由村层面延伸至农户层面。

（3）建设新时代美丽城镇

以建设新时代美丽城镇为抓手服务城市、带动乡村，构建工农互促、城乡互补、全面融合、共同繁荣的新型城乡关系。尊重规律，处理好城镇与城市、乡村的关系，推动城乡高质量融合发展；以人为核心，处理好人、产、城、文、景的关系，“人产城文景”深度融合；统筹兼顾，处理好样板与整体的关系，实施“百镇样板、千镇美丽”工程；因镇制宜，处理好共性与特色的关系，按照都市节点型、县域副中心型、特色型、一般型四大类分别引导、精准施策，形成各美其美、美美与共的新形态；稳中求进，处理好积极作为与循序渐进的关系，坚决不搞形象工程，形成开发建设可持续、群众获得感强的城镇发展新模式。

（4）推进全省“大花园”建设

大花园是浙江自然环境的底色、高质量发展的底色、人民幸福生活的底色。按照全省大花园建设行动计划设定的目标任务，2022 年走前列、2035 年成样板，在全省范围内，高标准建设美丽乡村、美丽田园、美丽河湖、美丽园区、美丽城市。推动衢州、丽水大花园核心区建设，加快打造十大名山公园和十大海岛公园，有序推动景区门票降价，创建国家全域旅游示范省。到 2022 年，把全省打造成为全国领先的绿色发展高地、全球知名的健康养生福地、国际有影响力的旅游目的地，形成“一户一处景、一村一幅画、一镇一天地、一城一风光”的全域大美格局，建设现代版的富春山居图。

第8章　全社会美丽生态文化研究[①]

生态文化是培植生态文明的根基，确立生态文化理念，弘扬和传播生态文化，是推进美丽建设的重要方面。本章从浙江生态文化的兴起和愿景入手，摸清浙江生态文化建设的现状与问题，探索生态文化的内涵，结合生态文化的建设目标，研究生态文化的组成，提出建设生态文化的社会行动、支撑保障、生产发展、宣传教育四大体系，并构建生态文化建设的指标体系，为生态文化的发展提供支撑。

8.1　基础与现状

8.1.1　浙江生态文化兴起

（1）“绿水青山就是金山银山”理念

随着2003年习近平“绿水青山就是金山银山”理念在湖州的提出，浙江历经长达15年的生态省建设历程。在生态省建设过程中，浙江在坚守“绿水青山”的底线上，大力实施“千万工程”“811”战略、“循环经济”等重点工程，走出了一条生态和经济共赢的发展之路。浙江“先污染后治理”的模式，使浙江人清醒地意识保护生态环境、治理环境污染的紧迫性和艰巨性，深谙“绿水青山就是金山银山”的重要性，真正下决心把环境污染治理好、把生态环境建设好，浙江人的“绿水青山就是金山银山”意识也由此生成，即生态兴则文明兴、人与自然和谐共生、绿水青山就是金山银山、山水林田湖草是生命共同体等生态价值观念。

① 本章执笔人：张清宇、张婉君。

（2）诗画浙江建设

浙江大力弘扬“诗画浙江”文化品牌，力求全面建成中国最佳旅游目的地，提出了全省大花园建设的具体举措，培育 25 个全域旅游示范县（市、区）、百个旅游风情小镇和万个 A 级景区村庄。目前，浙江旅游业蓬勃发展，正在从高速增长向优质发展转变，从粗放低效方式向精细高效方式转变，从封闭的旅游自循环向开放的“旅游+”转变，从部门行为向政府统筹推进转变，从单一景点景区建设向综合目的地服务转变。浙江省旅游局以视频、文字、音频、平面等全方位、立体化传播方式，积极弘扬“诗画浙江”品牌，全面构建“诗画浙江”中国最佳旅游目的地。

8.1.2 浙江生态文化愿景

生态文明建设人人有责、人人受益，每个人都是践行者、推动者。积力之举无不胜，众智之为无不胜。浙江生态文化培育将打造全社会形成生态自觉，人人自发建设美丽浙江，人人、事事、时时崇尚生态文明的社会氛围，绘就“与绿色同行、与自然共赢”的天人合一水墨画卷，逐步建立起“政府引导、社会主体、市场参与、多方联动”的生态文化共建共享新机制。在此基础上，输出浙江生态文化，提高浙江国际影响力。

8.2 存在的问题

8.2.1 生态文化的可持续发展问题

（1）浙江优秀传统文化“碎片化”

浙江优秀传统文化内涵缺失使文化碎片化，导致难成浙江特色品牌，不仅无法实现文化传承的可持续发展，也导致了文化经济效益不高。各地区对传统生态文化资源的认知水平停留于众所周知的一般性文化常识，缺乏对本地特色优势的深入了解，找不准本地具有核心竞争力的特色资源要素。

（2）生态文化多元交流融合不足

近年来，浙江积极探索和实践多元文化融合发展，在这方面，浙江也有一些亟须解决的问题和补齐的短板。一是工作协调机制尚不完善，尚需由省委、省政府牵头，建立起覆盖全省的多元文化融合工作协调机制。二是载体平台创建有待提升。

（3）生态文化“高精尖”产品较少

浙江生态文化产业发展水平还不够高，产业融合程度还不够紧密，以文化产业发展推进实体经济发展还有一段很长的路要走。一方面，各相关产业对生态文化产业拉力不足；另一方面，生态文化产业对相关产业推力不足。

（4）生态文化在国际上的传播和影响力还需进一步加强

相较于发达城市、发达国家文化对世界的输出，浙江文化的影响力还需要进一步增强。浙江与这些地区相比文化输出存在不对等现象，如在外国的书店难觅浙江文化书籍。

8.2.2 社会生态意识尚有缺失

（1）生态文化培育引导作用还需加强

自浙江开展生态建设以来，政府更多地将焦点集中在经济循环发展、环境资源管理、政策倒逼等强硬政策的实施上，尚未给予培养塑造生态文化足够的焦点，忽略了对公众、企业等的生态文化教育，导致全省总体生态意识的薄弱，缺乏“软实力”的约束。

（2）企业生态责任意识还需进一步提升

浙江大部分企业的生态意识只停留在“谁污染谁治理”的层面。而正是企业生态意识的片面性，导致了即使是法律明文规定，仍然有大量的企业不履行环保责任，有相当数量的企业为了降低生产成本，追求最大化的经济效益，罔顾生态法规，偷排漏排污染物，这些企业缺乏生态责任意识，也是造成生态环境总体恶化趋势难以有效扭转的原因之一。

（3）公众生态教育重视度还有待提高

现阶段，浙江生态普及教育资源缺乏，目前还没有建成系统的生态文化教育体系。同时缺乏资金和有效的组织，生态普及教育也没有涵盖全部人群，目前多以学校教育宣传为主，并且忽视家庭和学前儿童的生态教育。浙江传统的生态教育模式也存在重理论说教、轻社会实践的问题，造成知识和实践的脱离，引发实践、理论相背离的现象，阻碍人们认知、剖析、处理生态难题。

8.3 生态文化建设路径

8.3.1 打造生态文化共建共享社会行动体系，增强全民参与度

（1）重点打造生态文化宣教名片

将生态文明主题渗透到文学、影视、戏剧、音乐、绘画、雕塑、动漫等艺术创作中，打造 10 部大型生态文化题材文艺作品，100 部小戏小品，1 000 幅书画作品，10 000 幅摄影作品。基本建成涵盖各级各类博物馆、美术馆、展览馆、陈列馆、图书馆、文化馆、

非遗馆以及文化广场、文化活动中心等的生态文化主题宣教阵地体系，策划生态文化主题活动 10 次、主题展览 10 个以上。重点打造好良渚遗址、大运河（浙江段）、“诗路文化带”、西湖景区、浙江自然博物馆核心馆区等具有国际影响力的浙江原生态文化保护利用金名片。

（2）建立生态文化共建共享新机制

加强生态文化产业建设，寻找生态文化建设载体，逐步建立起“政府引导、社会主体、市场参与、多方联动”的生态文化共建共享新机制。打造党政界、企业界、知识界、媒体界等不同身份人员共同参与的社会复合主题；加强环境智库建设，发挥专家的决策支撑作用；建立政府与社会力量的伙伴关系。注重培育民间环保力量，积极探索政府部门负责人兼管环保社会组织的模式，让环保社会组织真正回归民间。

（3）创新建设平台载体

抢救性发掘和保护一批具有生态内涵的历史文化遗存，扶持建设一批与生态文化相关联的非物质文化遗产保护基地和传承展示馆。配合省农办、省建设厅累计保护 1 000 个省级及以上传统村落，完成 10 000 幢传统民居的抢救性保护；建设 1 个国家级文化生态保护区、5 个省级文化生态保护实验区；培育 100 家浙江省非遗体验基地、120 家省生产性保护基地；建设 30 个浙江曲艺之乡；培育 130 个非遗主题小镇和民俗文化村，在全省初步构建起生态文化保护示范网点。

8.3.2　建立健全生态文化支撑保障体系，护航生态文化培育

（1）建立健全生态文化指标体系

建立生态文化指标体系和衡量生态文化建设程度的基本标尺。通过生态文化指标体系量化浙江生态文化建设现状，使浙江生态文化建设发展短板与不足具象化，准确定位生态文化的具体发展过程中存在的差距，有效推动浙江生态文化分阶段目标的达成。

（2）建立健全生态文化培育组织工作机制

各级相关主管部门要把生态文化建设摆在全局工作的重要位置，实行主要领导负责制，把生态文化建设作为考评领导干部工作业绩的重要内容。加强部门协调，建立健全主管部门牵头、有关部门配合、社会力量参与的工作格局。建立联席会议、联合调研、联合表彰等工作机制，共同推动生态文化建设。

（3）完善生态文化基本建设投入保障机制

政府主管部门要切实履行职责把握导向，依据生态文化发展建设规划，落实专项资金，保证生态文化基本建设投入。发挥公共财政在生态文化建设中的服务功能，鼓励社会民间资本参与生态文化宣传教育基础设施和基础产业投资；鼓励公共基金、保险资金

等参与具有稳定收益的生态文化宣传教育基础设施建设和运营。

（4）建立科学的人才培养机制

积极吸纳生态文化研究、策划等专业高端人才参与协会工作，建设专家智库，在相关领域培育一批生态文化的领军人物和学术带头人，引导和带动更多优秀人才投身基层。建立区域性生态文化培训场所，对从事行业管理、导游、解说、演示等人员，进行自然生态、地域历史、生态文化、活动策划等方面知识和讲演技能的培训。

8.3.3 建立健全生态文化生产发展体系，促进生态文化可持续发展

（1）加强传统文化传承

继承优秀传统文化的精神内核，发掘传统文化的思想价值。实施文化立法，完善相关法律法规，建立行政管理制度，建立传承人才的培育制度，同时制定关于文化管理和开发的一整套政策体系。坚守住传统文化的基本元素。在农村文化礼堂、社区文化家园、城市文化公园、企业文化俱乐部等设立传统主题展示区域或者宣传廊。在传统乡贤文化资源富集地区探索建设专门的生态博物馆、展览馆等专题场馆。

（2）促进多元文化交流融合和生态文化“走出去”

积极探索和实践多元文化融合发展，借助“一带一路”等国际平台，实现浙江传统文化以及“绿水青山就是金山银山”文化可持续发展和提升国内外影响力。挖掘文化遗产，弘扬民俗文化，保护传承优秀传统文化。融入文化符号，提升产品价值，推动文化产业发展。强化“绿水青山就是金山银山”文化的传播和认知，创新“绿水青山就是金山银山”转化模式，构建“绿水青山就是金山银山”文化生产力，推动“绿水青山就是金山银山”文化不断适应新时代新要求。引进优秀的外来文化产品。开展“美丽浙江文化节”品牌提升项目，立足浙江地域特色文化和资源优势，打造和提升“美丽浙江文化节”品牌，提高品牌活动的亲切感、吸引力和认可度，每年确定 1 个“一带一路”重点沿线国家举办“美丽浙江文化节”活动。

（3）推动文化产业发展

因地制宜，大力发展森林（竹藤、茶、花卉）、园林、海洋等生态文化特色产业，以森林公园、自然保护区、专类生态园（植物园、茶园、竹园等）等为载体，积极打造蕴含不同生态文化主题创意，多样化、参与性和体验性强的生态文化产品和产业品牌。深化文化产业与相关产业融合发展，培育新型文化业态。促进文化产业与制造业融合发展，提高产品附加值，提升产业贡献度。促进文化产业与科技融合发展，发挥移动互联网、云计算、大数据、物联网等新一代信息技术的推动作用。促进文化产业与电商融合发展，发挥阿里巴巴集团、浙中信息产业园等龙头企业（园区）优势，创

新商业模式。

8.3.4　建立健全生态宣传教育体系，提高全民生态意识

（1）填补生态文化相关教材和读物空白

组织相关部门和机构编写生态文化相关教材和读物。加强看得见、摸得到、可践行的生态美学、森林文化等对青少年潜移默化的意识培养、价值宣传引导、行为熏陶作用。加强生态文明创作科普，面向全社会广大读者，编写知识性、趣味性、民族性和时代性强的生态文明科普读物。鼓励和组织相关领域专家和教育工作者撰写和创作有影响力的生态文明科普文章。

（2）推广宣传生态文明成果

通过新闻发布会主动宣传生态文明建设先进个人和法人，加强舆论引导。通过策划组织深度采访报道，讲好浙江生态环保故事。继续扩建新媒体平台，拓宽信息发布渠道，使得先进个人事例以及经验成果能得到有效传播。

（3）推动全民生态文化教育

强化党政领导干部的生态文化意识，培养正确的生态价值观、生态政绩观和绿色执政理念，提升其决策管理的科学性。推进生态文化与企业文化的融合，强化生态意识、培育文明理念。组织青少年的不同群体，开展不同类别、形式多样、内容丰富的生态文化社会实践体验专题活动。针对园区管理者和主要部门、重点企业、普通居民等不同层次受众，采取培训班、企业宣贯会、公众科普窗口、体验活动等不同形式的宣传工作。通过在全区中小学深入开展节能降耗教育，在新闻媒体开设生态工业专题栏目，向公众传递生态工业理念，使生态文化理念渗透到生产、消费各个层面。

（4）建立完善生态文化传播体系

依托各种类型的自然保护区和森林、湿地、沙漠、海洋、地质等公园、动物园、植物园及风景名胜区等，因地制宜地建设面向公众开放，各具特色、内容丰富、形式多样的生态文化普及宣教场馆；着力打造浙江品牌的生态文化建设示范区，发挥良好的示范和辐射带动作用，通过生态文化村、生态文化示范社区、生态文化示范企业等创建活动和生态文化体验等主题活动，提高社会成员互动传播的公信度和参与度，共建共享美丽浙江成果。

第 9 章　全方位美丽治理体系研究①

保护生态环境必须依靠制度，建立体现生态文明要求的目标体系、考核办法、奖惩机制等配套治理体系。本章在详细梳理浙江治理体系建设的基本现状和存在的问题的基础上，提出了治理体系建设的阶段性目标，从完善法规标准体系、推进产权制度改革、健全目标责任考核体系、提高治理能力等方面研究了浙江治理体系建设的主要任务。

9.1　美丽治理体系的理论基础

9.1.1　生态文明制度建设与提升治理水平的重要意义

生态文明制度建设是国家治理体系与治理能力现代化的重要组成部分。党的十八大以来，生态文明建设在新时代党和国家事业发展中的地位日趋重要；在“五位一体”总体布局中生态文明建设是其中一位，在新时代坚持和发展中国特色社会主义基本方略中坚持人与自然和谐共生是其中一条基本方略，在新发展理念中绿色发展是其中一大理念，在三大攻坚战中污染防治是其中一大攻坚战。这“四个一”体现了生态文明建设国家治理体系的完整性、治理体系和治理能力现代化的科学内涵和发展要求。党的十九届四中全会通过的《中共中央关于坚持和完善中国特色社会主义制度、推进国家治理体系和治理能力现代化若干重大问题的决定》（以下简称《决定》）提出，坚持和完善生态文明制度体系建设，提升生态治理能力和治理水平是时代赋予我们的重大课题，必须把这一课题置于社会主义伟大事业发展的各方面和全过程。《决定》从生态环境保护制度、资源高效利用制度、生态保护和修复制度、生态环境保护责任制度 4 个方面对生态文明

① 本章执笔人：谢婧、刘桂环、朱媛媛、文一惠、张逸凡。

制度体系进行了阐释，进一步阐明了生态文明制度体系在中国特色社会主义制度和国家治理体系中的重要地位。

生态环境领域国家治理体系和治理能力现代化是美丽中国目标基本实现的前提与保障。在 2018 年 5 月召开的全国生态环境保护大会上，习近平总书记发表重要讲话，指出：要通过加快构建生态文明体系，使我国经济发展质量和效益显著提升，确保到 2035 年节约资源和保护环境的空间格局、产业结构、生产方式、生活方式总体形成，生态环境质量实现根本好转，生态环境领域国家治理体系和治理能力现代化基本实现，美丽中国目标基本实现。党的十九大报告把富强、民主、文明、和谐、美丽作为社会主义现代化强国的衡量标准；与之相适应，生态文明制度体系建设和生态治理能力的目标是：提升生态治理体系建设和治理水平，以便于能与国家治理体系和现代化需求相适应；并要求我们把实现生态文明美丽中国的生态梦想自觉融入党领导的社会主义伟大事业、伟大斗争中去。

综上所述，国家治理体系和治理能力现代化是党的十八大以来提出的重要治国理念，是政府管理主导的传统治国方略的根本性升级，也是新时代实现全面深化改革总目标和发展中国特色社会主义制度的关键，而生态环境治理能力现代化则是国家治理体系的一个重要组成部分，是处理好生态环境与经济发展两者关系的核心要义。建成美丽中国必须有成熟有效的生态文明制度，以导向清晰、决策科学、执行有力、激励有效、多元参与、良性互动的生态环境治理能力和治理水平保障生态环境治理工作的科学、持续运转，从而促进人与自然和谐共生。

9.1.2　美丽治理体系的科学内涵

根据《决定》要求，构建人与自然和谐共生的现代化国家治理体系和治理能力包括以下几方面：①实行最严格的生态环境保护制度，坚持人与自然和谐共生，坚守尊重自然、顺应自然、保护自然，健全源头预防、过程控制、损害赔偿、责任追究的生态环境保护体系。②全面建立资源高效利用制度。推进自然资源统一确权登记，深化自然资源产权制度改革，健全资源节约集约循环利用政策体系，深化自然资源监管体制。③健全生态保护和修复制度，统筹山水林田湖草一体化保护和修复，加强对重要生态系统的保护和永续利用。④严明生态环境保护责任制度。建立生态文明建设目标评价考核制度，压实政府和领导干部生态环保责任，严格落实企业主体责任和政府监管责任。健全生态环境监测、评价、督察、执法、司法、损害赔偿的全过程制度。

根据《关于构建现代环境治理体系的指导意见》，可为推动生态环境根本好转、建设生态文明和美丽中国提供有力保障的现代环境治理体系是导向清晰、决策科学、执行有力、激励有效、多元参与、良性互动的环境治理体系，需要建立健全环境治理的领导责任体系、企业责任体系、全民行动体系、监管体系、市场体系、信用体系、法律法规政策体系，落实各类主体责任，提高市场主体和公众参与的积极性。

根据国家治理体系和治理能力现代化推进顶层设计和美丽中国建设的要求，可以认为，在美丽浙江建设之路上，治理体系和治理能力是制度和制度执行能力的集中体现，两者相辅相成，完善优越的制度体系和强大的制度执行能力既是美丽浙江建设的重要支撑，也是美丽浙江整体实现的重要标志。浙江必须持续深化生态环保领域改革，推动制度体系和制度执行的系统化、规范化、创新化、多元化，最终实现生态环境领域国家治理体系和治理能力现代化，从而为美丽浙江建设提供有力支撑。

9.2 生态环保制度发展状况述评

早在 2003 年，《浙江生态省建设规划纲要》中就已针对生态制度和保障体系提出了一系列工作任务，15 年间，浙江根据国家顶层设计不断更新升级本省生态环保制度建设框架；到 2019 年年底，浙江已基本完成《浙江生态省建设规划纲要》中提出的生态环境安全预测预警、科学决策和评估等主要任务，同时也逐步构建起生态省以及生态文明建设的保障体系。

9.2.1 法律法规标准体系逐步健全

浙江制定、修订了《浙江省大气污染防治条例》《浙江省水污染防治条例》《浙江省城市市容和环境卫生管理条例》《浙江省海洋环境保护条例》，以及重大项目管理、生态公益林、清洁生产、耕地保护、节水节能、资源有偿使用和产权转让、环境监理、辐射环境保护等 50 余项涉及生态省建设的省级法规和规章。强化标准对污染治理、产业发展、城乡建设等各领域工作的支撑作用，2003 年以来共计颁布涉生态方面地方标准 118 项，约占地方标准总数的 13%，有力地保障了生态省建设。

9.2.2 自然资源资产产权制度逐步推进

浙江通过出台《浙江省创新政府配置资源方式工作实施方案》（浙政办发〔2017〕144 号）、《中共浙江省委　浙江省人民政府关于完善产权保护制度依法保护产权的实施意见》等政策文件，不断推进自然资源资产产权制度改革工作。目前全省市县已全面实施不动产统一登记，全面开展海域登记存量数据整理、建库工作，实施海域统一登记；开展林权登记基础数据库建设，逐步扩大林权统一登记试点范围。原省国土资源厅、原省海洋与渔业局、原地理与信息测绘局等部门已整合组建省自然资源厅，统一行使全民所有自然资源资产所有者职责。

9.2.3 国土空间管理制度有序探索

浙江是全国第二批开展省域空间规划的改革试点省份，目前已经拥有了各种类型和层级的空间性规划，并且也已开始探索“多规合一”“三区三线”“三线一单”等多种空间管理新手段。

9.2.4 资源节约集约利用逐步推进

近年来，浙江坚持促进资源节约集约利用，加强土地利用规划空间管控，实施“亩产倍增”计划与双控行动、“空间换地”、城镇低效用地再开发、农村土地综合整治等，加强与“三改一拆”“四换三名”“五水共治”等中心工作的有机结合，坚持打好“节约集约用地”突围战。

9.2.5 环境经济政策体系稳步推进

浙江全面推行省内横向流域生态保护补偿机制，六成以上县（市）已建立横向流域生态补偿机制。已经推进了一系列资源性产品的市场配置机制改革，比如实施燃煤机组超低排放电价补偿政策。自 2017 年 6 月 23 日绿色金融改革试验区方案批复以来，浙江按照试点方案积极开展改革试点创新，取得了积极成效。

9.2.6 目标责任体系逐步完善

2016 年，在绍兴开展生态环境损害赔偿试点工作，基本建立起政府主导的生态环境损害赔偿制度框架。此后，浙江陆续印发《浙江省生态环境损害赔偿制度改革实施方案》《关于贯彻落实中办发〈生态环境损害赔偿制度改革方案〉的意见》等法规文件，为建立健全生态环境损害鉴定评估、磋商、诉讼、修复、资金管理制度奠定了一定的基础。为有序推进自然资源资产离任审计，浙江先后印发实施《浙江省开展编制自然资源资产负债表改革试点工作方案》《浙江省开展领导干部自然资源资产离任审计试点实施方案》。2016 年，湖州完成了全市自然资源资产负债表编制工作，率先在全国全面推开省市两级编制自然资源资产负债表工作。

9.3 美丽治理体系差距分析

对比国家生态文明体制改革要求以及美丽浙江建设需求，在厘清浙江生态文明制度总体情况的基础上，全面梳理出存在的突出问题。实现高水平生态文明和美丽浙江建设需要有系统完整的生态文明制度体系以提供持续动力，而目前浙江生态文明制度体系仍有较大的继续优化完善的空间。通过厘清浙江环境治理体系和治理能力与美丽浙江需求的差距，为提出美丽治理体系重点任务夯实基础。

9.3.1 法律法规标准体系还需完善

浙江现有的相关法规、标准有部分滞后或缺失现象，整个法律法规标准体系还需与时俱进、不断完善。部分法规条例出台时间较早，尚未根据新的战略部署和行业发展及时更新修订；新经济形态、新环境问题、新政策工具不断涌现，其有序发展需要法规和标准的有力支撑，但相关领域存在空白和缺失，亟须补充完善；法规、标准体系涉及的内容庞杂，需要不断细化，尤其是在打赢污染防治攻坚战后，必然会将关注重点向绿色发展和生态保护修复倾斜，需要在立法和标准层面做出回应；考虑到事物动态变化的特点，许多规划和行动方案往往是针对 3～5 年的阶段性部署，在美丽浙江建设过程中需要不断更新升级。已到期的规划、行动计划见表 9-1。

表 9-1 已到期的规划、行动计划

时效状态	涉及领域	文件名称
已到期	污染防治	《大气污染防治行动计划专项实施方案（2014—2017 年）》《浙江省水利发展“十三五”规划》《浙江省大气污染防治行动计划（2013—2017 年）》《浙江省“十二五”大气联防联控规划》《浙江省清洁土壤行动监测实施方案（2010—2015）》《浙江省重金属污染综合防治规划（2010—2015）》《浙江省水污染防治行动计划（2015—2020 年）》《浙江省畜禽养殖污染防治规划（2016—2020 年）》
	生态保护	《浙江省林地保护利用规划（2017—2020 年）》《浙江省新植 1 亿株珍贵树五年行动计划（2016—2020 年）》《浙江省水资源保护与开发利用总体规划（2005—2020 年）》《浙江省矿山生态环境保护与治理规划（2016—2020 年）》《浙江省废弃矿井治理规划（2011—2020 年）》
	气候变化	《浙江省应对气候变化“十二五”规划》《浙江省应对气候变化规划（2013—2020）》

时效状态	涉及领域	文件名称
已到期	海洋保护	《浙江海洋经济发展示范区规划（2011—2015）》《浙江省重要海岛开发利用与保护规划（2011—2015）》《浙江省近岸海域污染防治规划（2011—2017年）》《浙江省海洋功能区划（2011—2020 年）》《浙江省海洋生态环境保护“十三五”规划（2016—2020）》
	绿色经济	《浙江省清洁生产行动计划（2013—2017）》《浙江省现代农业发展“十三五”规划》《浙江省现代生态循环农业发展“十三五”规划》《浙江畜牧业“十三五”规划》《浙江省林业发展“十三五”规划》《浙江省生态旅游发展规划（2009—2015）》《浙江省山区经济发展规划（2012—2017 年）》《浙江省节能环保产业发展规划（2015—2020 年）》《浙江省循环经济发展“十三五”规划》《浙江省农业绿色发展试点先行区三年行动计划（2018—2020 年）》《浙江省进一步加强能源“双控”推动高质量发展实施方案（2018—2020 年）》
	人居环境	《浙江省污水处理“十三五”规划》《浙江省城镇生活垃圾无害化处理设施建设“十三五”规划》《浙江省农村环境保护规划（2009—2012）》《浙江省城镇体系规划（2011—2020 年）》《浙江省深化“四边三化”行动方案（2015—2020年）》《浙江省高水平推进农村人居环境提升三年行动方案（2018—2020 年）》

9.3.2　自然资源资产产权制度有待健全

目前阶段浙江还有较大比例的自然资源统一确权工作尚未完成。在实际中往往会出现各类资源确权依据不统一、法律层级低、统一登记后各类争议集中显现等情况。中央与浙江省、浙江省与下辖各级政府行使所有权的自然资源资产清单和空间范围不明晰，相关事权和财权分配的具体法律规定缺位，清单编制、管理体制、收益分配和财政支出责任体系等方面不能相互衔接。

9.3.3　资源节约集约利用有待进一步促进

作为“七山二水一分田”的资源小省、经济大省，浙江人均土地面积不足全国平均水平的 1/3，资源、能源对外依存度极高，土地、湿地、海洋等资源的科学开发和保护机制起步较晚，还存在一些突出问题，仍在探索和推广阶段。市场机制尚未全面推进，市场在自然资源、环境资源配置中的决定性作用还未体现。

9.3.4　环境经济政策体系仍有提升空间

浙江尚未形成生态补偿长效机制，生态补偿还存在一些问题亟待解决：资金投入与地方财政矛盾突出；上下游断面考核要求不匹配，水质保持为优难度大；横向补偿长效机制尚未健全，流域生态保护压力大。生态环境财政奖惩制度还存在指标设置不够合理、存量运维成本考虑少等问题。绿色金融改革还存在绿色项目界定标准不统一的问题，致使政策扶持难精准；相关认证费用过高，致使绿色农业贷款难统计；考评激励机制存在缺陷，致使绿色金融发展难增效；绿色金融信息共享与整合力度不足，致使信贷政策支持难落地等。

9.3.5 目标责任体系仍需进一步推进

生态环境损害赔偿制度尚未普及，部分地区改革推进力度不足；生态环境损害赔偿诉讼制度尚不完善；环境损害鉴定评估技术保障还需提升。当前考核办法对考核和责任追究“一刀切”，弹性不足，对社会经济发展和生态环境保护的协同有一定阻碍，不利于考核和责任追究。然而，在编制自然资源资产负债表的实践中，遇到了一些问题与难点。一是缺乏统一规范的统计标准；二是自然资源资产负债表编制还未普及。

9.3.6 生态环境治理能力支撑偏弱

浙江现有的生态环境治理能力还面临着美丽浙江制度建设的新挑战：目前已有环境监管手段较为单一，管理方式以从上至下的行政命令为主，经济手段不多，部分行政管理手段法律法规依据不充分，监管主体以政府单方管控为主；市场机制不健全，在大力推进环境监测、治理等市场化的同时，缺少对市场监管的有效机制；社会参与的主动性和深入性有待进一步加强。

9.3.7 多元主体共治的格局还未真正形成

浙江尚未形成多元主体共治的格局，主要在于政府、企业、公众的环境诉求不一致，企业自觉守法意识尚未形成，公众参与引导机制有待深化。

9.4 美丽治理体系建设目标

浙江必须持续深化生态环保领域改革，推动制度体系和制度执行的系统化、规范化、创新化、多元化，最终实现生态环境领域国家治理体系和治理能力现代化。

到 2025 年，全面深化自然资源资产产权制度、国土空间开发保护制度、空间规划体系、资源总量管理和全面节约制度、资源有偿使用和生态补偿制度、环境治理体系、环境治理和生态保护市场体系、生态文明绩效评价考核和责任追究制度，基本构建产权清晰、多元参与、激励约束并重、系统完整的生态文明制度体系，加快推进生态文明领域治理体系和治理能力现代化。

到 2035 年，以系统完备、科学规范、运行有效的制度体系实现美丽浙江建设的科学、持续运转，基本实现多元主体决策科学化、社会治理精细化和公共服务高效化，基本实现浙江生态环境治理能力和治理水平现代化，基本建成“政府有为、企业有责、市场有效、社会有序”的大生态保护格局。

9.5　美丽治理体系建设思路与路径

根据国家顶层设计要求，结合浙江实际情况，在《浙江省生态文明体制改革总体方案》等纲领性文件的引导下，浙江必须持续深化生态环保领域改革，推动制度体系和制度执行的系统化、规范化、创新化、多元化，最终实现生态环境领域国家治理体系和治理能力现代化。围绕美丽浙江建设，合理安排治理体系建设和创新的主要任务，从政府、企业、社会等多角度出发，压实各方责任、推动区域协同，优化管理制度体系，创新生态环境经济政策，深化考核评估和责任追究，加快推动各项制度有机衔接顺畅和实现生态环境治理体系和治理能力现代化，最终构建“产权清晰、多元参与、激励约束并重、系统完整的生态文明制度体系”，以系统完备、科学规范、运行有效的制度体系实现美丽浙江建设的科学、持续运转，基本建成“政府有为、企业有责、市场有效、社会有序”的大生态保护格局。

9.5.1　完善生态文明法规标准体系

（1）完善地方性法规体系，深化法治浙江建设

完善组织领导机制。各地各部门党政“一把手”要严格履行推进法治建设第一责任人职责，切实担起责任，带头抓好落实。完善党委领导，人大、政府、政协分别负责的机制。完善省委建设法治浙江工作领导小组牵头抓总的职责。完善法治浙江法规制定和修订体系、宣教体系、监督体系、保障体系。

及时修订已经不符合新时代要求的法规条例。尽快针对需要修订的法规条例进行摸底排查，全面清理现行法律法规中与加快推进美丽浙江建设不相适应的内容，列出任务清单，根据与美丽浙江建设的相关性以及修订难度有序安排修订工作，修订时甄别法律法规间规定矛盾、职责重复的问题并加以研究修改，避免某些领域出现“依法打架”的情况，加强法律法规间的衔接。

继续拓展完善法规条例的覆盖范围以支撑各领域。根据美丽浙江建设的重点任务，补充完善相关领域的法律支撑，及时推进重点领域立法，鼓励设区市先行探索环境治理领域的立法。

探索细化法治程序，以法治建设提高生态环境治理能力。探索细化责任主体、工作程序、实施方法、执法和司法衔接方式等方面的程序性、操作性规定，明确具体的政府、企业、社会责任分工、管理办法和操作方案，从而有效提高管理水平、提升治理效率。

深化行政执法体制改革。进一步整合执法机构、力量等资源，推进执法重心向市、县两级政府下移，建立统一的行政执法信息平台，完善网上执法办案及信息查询系统，全面提高执法效能。打造一支正规化、专业化、职业化法治队伍，狠抓法治工作队伍建设，充实人员配备，提高思想政治素质、业务工作能力和职业道德水准。

（2）以标准和规划引领美丽浙江各领域建设

及时更新已失效或即将失效的规划、行动计划，列出任务清单，有序安排规划编制和行动计划编写工作。不断拓展和细化地方性标准体系，研究制定美丽浙江建设指南、潮汐河口等陆海过渡区域环境标准、自然资源统一确权登记省级县级标准、市县空间规划编制标准、工农业固体废物综合利用、生态旅游等细化标准。推动浙江在美丽乡村建设等优势和先行领域的地方标准成为区域标准，以标准化的手段助力区域一体化高质量发展。

9.5.2 统筹推进自然资源资产产权制度改革

（1）全面推进自然资源统一确权登记

组织研究统一的技术规范和载体支撑全省自然资源统一确权登记工作。以湖州市长兴县试点经验为参考，研究制定自然资源统一确权登记管理办法和省级标准。开发建设省级统一的自然资源调查数据库和确权登记信息管理平台，集成市县级数据库和信息平台，统一信息登记、存储和使用方式。抓紧推进全省域、全领域的自然资源统一确权登记。2023 年以前完成作为国家重点生态功能区、省级重点生态功能区以及省级生态经济地区共 25 个县级行政区的自然资源资产统一确权登记工作。2025 年以前实现全省所有市县、所有领域的自然资源资产统一确权登记全覆盖。做好地籍测绘、权属争议调处、信息平台建设应用、专项确权登记四方面支撑工作。依托“最多跑一次”改革打造自然资源资产确权登记“美丽名片”。

（2）探索创新自然资源资产产权制度

进一步优化完善国有自然资源资产管理和自然生态监管机构，明确自然资源资产产权主体，统一行使全民所有自然资源资产所有者职责。探索赋予集体所有的自然资源使用权流转、出租、抵押、担保、入股等综合权能。探索开展全民所有自然资源资产所有权委托代理机制试点。在钱江源国家公园、山水林田湖草生态保护修复工程试点区、国家级旅游业改革创新先行区丽水市、省级重点生态功能区以及省级生态经济地区等区域，探索开展促进生态保护修复的产权激励机制试点，吸引社会资本参与生态保护修复。

（3）全面实施自然资源资产负债表编制

夯实自然资源资产审计管理基础，省级主管部门应加强协调和指导，统计部门要加快编制自然资源资产负债表。推进自然资源资产负债表的全覆盖，研究建立自然资源资产核算评价制度，到 2025 年实现省、市两级自然资源资产负债表编制全覆盖，并逐步向县级延伸，编制内容增加矿产资源。建立自然资源动态监测制度，及时跟踪掌握各类自然资源变化情况。建立统一权威的自然资源调查监测评价信息发布和共享机制。合理调整编制自然资源资产负债表工作领导小组和专家咨询组，健全工作组织协调机构，加强业务培训和技能交流。

9.5.3　继续深化改革国土空间开发保护制度

（1）建立完善空间规划体系

分层级、分领域丰富完善国土空间规划编制体系。落实管控边界，加快建立“三线一单”环境管控体系，开展各类空间控制线划区定界工作。以国土空间规划为依据，对所有国土空间分区分类实施用途管制。对在城镇和村庄开发边界外的保护利用活动，制定分区准入正负面清单，采用“约束指标+分区准入”的管制方式。

（2）提高生态功能重要区域保护管理水平

尽快启动生态保护红线勘界定标，研究制定浙江省生态保护红线管理办法、规划。将生态保护红线作为省、市、县各级综合决策的重要依据和各级各类规划编制的重要基础。规范和创新自然保护地管理，以钱江源国家公园建设为突破口，探索如何打破土地权属、部门界限和行政边界的限制。成立省自然保护区评审委员会，制定科学的保护地分类标准，启动自然保护地综合评价及整合优化。全面推进自然保护地统一管理，2025 年年底前实现国家级自然保护地的“一地一牌”，整合范围重叠、职责交叉的自然保护地管理机构，成立统一机构，统一行使保护和管理职责；2035 年年底前实现省级自然保护地的“一地一牌”。推进自然保护地管理资金和社区生计来源多元化。严格规范管理，指导各类自然保护地健全管理机构，配强管理人员，完善管理制度。同时，启动自然保护地卫星遥感动态监测。

（3）强化空间管理的监督实施

加强国土空间规划相关地方性法规建设，鼓励各地根据自身特点，进一步提出个性化的国土空间规划有关技术方法。建立健全空间规划动态监测评估预警和实施监管机制，统一保护地、监测断面点位以及卫星遥感等基础数据坐标系，建立统一的环境基础数据库；省自然资源厅会同省级有关部门，定期对全省各级国土空间规划中的各类管控边界、约束性指标等管控要求的落实情况进行考核。到 2025 年，全面建立国土空间规划编制审批体系、实施监管体系、法规政策体系和技术标准体系，全面实施国土空间监测预警和绩效考核机制，形成以国土空间规划为基础，以统一用途管制为手段的国土空间开发保护制度。到 2035 年，全面提升国土空间治理体系和治理能力现代化水平。

9.5.4 全面推进资源节约集约利用

（1）促进土地资源合理利用

优化土地利用格局，合理利用土地资源，做好土地资源分配是土地资源节约集约利用的重要环节。合理调整建设用地，优化建设用地使用结构，增加城市功能。借鉴杭州市江干区首宗存量工业用地转型升级成功经验，通过联合论证、正向引导等多种形式推进存量项目转型升级发展道路。促进地下空间的高效利用，将地下空间建设与地上空间利用摆上同等重要位置，加大项目的地下空间开发拓展力度。加强评价监督管理，加强土地资源使用评价，做好土地资源利用监督管理，建立有效预警机制。

（2）强化水资源管理

深化落实浙江省节水行动，完善水价综合改革、水资源税费改革、节水奖励机制、水资源产权改革、节水融资模式、水效标识制度、定额管理机制、用水监测统计制度八项机制。

严格控制水资源开发利用上限。坚持以水定城、以水定地、以水定人、以水定产，发挥水资源的刚性约束作用，抑制不合理用水需求，倒逼发展规模、发展结构、发展布局优化，推动经济社会发展与水资源水环境承载能力相适应。狠抓江河生态流量确定与管控，建立健全生态流量（水量）监测预警机制，严控河湖水资源开发强度，保障河湖基本生态流量（水量）下泄，维护河湖健康生命。加快推进重要江河流域水量分配，制定并落实监管措施，在满足生态用水基本需求的前提下，明晰流域区域用水权益，加强省界断面监测，落实空间均衡要求。制定规划水资源论证管理办法，推进重大规划和产业布局水资源论证，严格实行流域区域用水总量控制和取水许可限批政策，对达到或超过水资源承载能力的流域区域，实施取水许可限批，促进实现水资源动态监管。

建立并严格落实节水型社会管理体制。认真贯彻落实“节水优先”方针，健全各项节水制度，加快国家级县域节水型社会达标创建，全面落实浙江省节水行动。由于水资源的利用情况与区域经济发展具有一定联系，政府部门除要对其给予政策支持以外，还需要适当给予资金支持，使节水工作以及水资源的开发工作能够得到有效开展。同时，建立相应的用水机制，对于各类生产活动的用水情况进行合理规范，避免出现大量水资源浪费的现象。在对水资源进行开发与利用时，还可以通过市场交易的方式控制水资源的使用率，对各类用水行为进行有效监管，一旦出现水资源浪费现象可以采取相应的处罚措施，使节约型社会管理机制得以有效建立，为水资源的合理利用提供保障。

充分发挥市场在水资源配置中的作用。要建立健全节约用水、河湖管理、地下水管理等方面的法律法规体系，提高国家水治理的法治保障水平。加快智慧水利建设，提高水资源监管信息化水平。深化水利投融资体制改革，继续加大财政资金投入力度，积极争取金融信贷支持，鼓励和引导社会资本参与节水供水项目建设运营。完善水资源有偿使用制度，深化水资源税改革，利用税收杠杆促进水资源优化配置、节约保护。继续推进农业水价综合改革，推行农业用水总量控制和定额管理，建立健全农业水价形成机制和精准补贴机制。持续推进生活用水和工业用水水价改革，落实用水总量控制和超定额累进加价制度。积极稳妥推进水权确权，培育发展水市场，开展多种形式的水权交易，促进水资源从低效益领域向高效益领域流转。

9.5.5 积极建立健全目标责任考核体系

（1）深化领导干部政绩考核和责任追究

加快构建以改善生态环境质量为核心的目标责任体系，强化环境保护、自然资源管控、节能减排等约束性指标管理。及时更新细化《美丽浙江建设目标责任考核和综合评价办法》。实行省、市、县、乡四级全覆盖的生态环境状况报告制度，建立环境质量综合排名制度。建立完善省委统筹推进督查的省级生态环境保护督查体系，加强省级督查与人大法律监督、政协民主监督、环境资源审计监督等工作的衔接配合。建立生态保护红线绩效考核评价机制，考核结果作为美丽浙江建设考核体系、党政领导班子和领导干部综合评价及责任追究、离任审计的重要参考。

（2）继续推进生态环境损害赔偿制度

积极开展生态环境损害赔偿案例实践，拓展赔偿磋商、诉讼方式，明确市和各区县政府作为本行政区域内生态环境损害赔偿权利人。推进生态环境损害场地的修复。以绍兴市为试点，开展生态环境损害赔偿管理条例的地方立法调研，推进生态环境损害赔偿立法工作。举办省、市级层面生态环境损害赔偿制度改革工作培训会。将生态环境损害赔偿制度改革工作情况，纳入环境保护集中督查和专项核查范围。加快推进损害鉴定评估能力建设。规范培育生态环境损害鉴定评估机构，培育 1 家具有司法鉴定能力的生态环境损害鉴定评估机构。提升生态环境损害鉴定评估能力，建立健全生态环境损害鉴定评估机构库和鉴定评估专家库。

（3）扎实开展自然资源资产离任审计

建立健全工作协调机制，成立浙江省领导干部自然资源资产离任审计工作协调小组，加强对自然资源资产离任审计工作的领导和组织协调。编制省、市两级自然资源资产负债表，组织摸查被审计地区各类自然资源资产的分布。整合自然资源资产的基础数据，实现大数据管理，形成自然资源资产综合治理大格局。加强专业人才的培养，建立审计专家库，采取多种形式的培训方式，强化对大数据信息化技术的应用和能力提升，增强审计人员的专业能力。建立科学合理的审计评价体系。将能够客观、准确地反映自然资源资产开发利用状况和政府生态环保政策执行情况的指标，纳入领导干部的考核评价范围中。强化审计结果运用，把审计意见与领导干部考核、任免和问责问效紧密挂起钩来，真正把审计结果运用到位。

9.5.6 探索创新环境经济政策体系

（1）完善绿色发展财政奖补政策

科学设置生态奖惩指标体系和奖惩标准，完善与生态环境保护效果相关的转移支付制度，实行“绿水青山就是金山银山”建设财政专项激励政策。合理确定生态奖惩基数，设立“底线”，实行“兜底保障”，建立梯度奖惩机制，适当提高基数部分的奖惩幅度。适当扩大生态功能区范围，浙江应将湿地、海洋纳入生态考核补偿范畴，同时增加空气质量考核指标，实行更为严格的主要污染物财政收费制度，不断巩固和扩大生态绿色屏障。适当扩大生态功能区范围，增加绿色发展财政奖补政策对湿地和海洋的考虑。

（2）健全生态补偿机制

进一步做大生态补偿资金“总盘子”，加大对重点生态功能区的转移支付力度。省级层面加强与上游沟通协调，建立常态化的联席会议制度，及时研究和解决流域生态环境保护工作中存在的困难和问题，不断丰富、完善补偿机制。增加全省重点生态功能区水环境质量和森林质量保持奖。增加断面水质保持奖励指标，对断面水质保持功能区类以上的县，每年进行考核奖励，达到Ⅰ类功能区目标奖励要更大。同时，对森林覆盖率原较优地区（达到 80%及以上），保持现状的每年给予一定的奖励。加快推动建设新安江—千岛湖生态补偿试验区，深化省内流域上下游横向生态保护补偿机制，建立健全多渠道“输血式”生态补偿机制。建立健全生态补偿投融资体制，支持鼓励社会资金参与生态建设、环境污染整治，切实改变目前政府环保支出责任过重的局面。探索在城乡土地开发中积累生态环境保护资金，利用国债资金、开发性贷款，以及国际组织和外国政府的贷款等，努力形成多元化的资金投入格局。

（3）全面推进资源和环境权益交易

继续深化交易政策制度制定、交易服务能力提升等工作，拓展参与排污交易的行业和交易指标。推广排污权交易二级市场，以浙江省杭州市临安区水权交易实践为参考推进水权改革和交易，试点开展 VOCs 排污权交易。加快第三方污染治理市场培育。鼓励和引导地区间、流域间、流域上下游、行业间、用水户间的水权交易，按照全面有偿出让的原则。探索建立水资源资产产权制度、水量分配与水权交易制度、水资源有偿使用和生态补偿制度等涉水领域的相关制度。加强全省碳排放权交易市场制度体系建设、基础设施建设，完善碳排放报告核查、配额分配和能力建设等方面。加强其他资源和环境权益交易市场建设，深化用能权改革，探索存量交易，引入市场机制促进农村土地综合整治节余指标在全省范围内合理流动，完善海域海岛有偿使用制度。

（4）创新生态产品价值实现机制

推进生态产品价值核算，探索研究形成生态产品价值核算评估体系，创新开展生态系统生产总值（GEP）核算，推动形成 GDP 与 GEP 协同增长的评价考核体系，将考核结果应用于财政转移支付、领导干部自然资源资产离任审计和责任追究等领域。推进生态经济化和经济生态化协调发展，开发利用生态产品前提是保护自然生态系统的原真性和完整性，对生态资源进行科学合理的开发利用和保护，需要注意生态经济化和经济生态化的有机协调。培育生态产品转化平台和市场交易体系，探索生态经济合理的市场运营模式。实施分区分类的差异化管理，列出适合不同地区的生态友好型产业清单，进行统一规划、总体布局。落实好生态管护岗位、生态补偿等政策措施，完善和保障群众稳定收益的长效机制。

（5）加快构建绿色金融体系

以新安江绿色发展基金为范本，鼓励各流域或相邻省份政府绿色专营金融机构共同发起区域性绿色发展基金，支持社会资本和国际资本设立各类民间绿色投资基金。探索建立绿色债券融资奖励制度、绿色产业企业上市奖励制度，依据与绿色发展的相关性对企业提供差别化的资金支持。创新推进新型融资手段，探索建立绿色金融信息管理系统，鼓励创新绿色保险产品，细化相关财税和行政许可的支持规范，逐步探索建立“保险+服务+监管+信贷”的环境污染责任保险与绿色信贷联动机制。加大地方政府债券对公益性生态保护项目的支持力度，积极引导生态保护地区符合条件的企业和项目发行绿色债券，加快推进湖州、衢州绿色金融改革试点，深化丽水农村金融改革。建立更完善的绿色金融基础设施体系，加快推进绿色金融标准制定，试点探索制定绿色金融统计制度、绿色专营机构评价办法和绿色项目指引目录，建立绿色银行评级体系，搭建绿色金融信息共享平台。

9.5.7 切实提高制度执行能力和治理能力

（1）建立环境与发展综合决策机制

在地方法律法规制定、修订中，进一步体现可持续发展的指导思想，进一步明确生态环境保护的优先地位，将环境影响评价制度作为区域开发、重大经济社会政策等宏观领域和重点地区发展的前置条件。大力实施综合决策能力提升工程，在进行区域开发和重大经济社会政策决策时深入研究相关决策对生态环境的影响，在出台产业准入负面清单、淘汰落后产能、生态保护修复工程等环境政策措施前，深入分析研究政策的区域整体成本和效益。推进以直接监管为主的行政管理逐步转变为间接调控与直接监管相结合的管理方式，实现生态环境保护部门从运动员到监管者的角色转变。

（2）强化跨区域跨部门协同治理能力

推进省域内区域生态环境协同管理，在省内继续深化绿色财政转移支付、差异化考核和山海协作，探索建立一批区域性环境治理协调机构，继续健全区域环境应急协同制度，将协同作为美丽浙江建设工作任务完成情况的考核指标之一。加快融入长三角区域推动协同创新和“共抓大保护”，积极推进建立跨界区域共建共享长效机制，加强创新链与产业链跨区域协同，强化区域社会协同治理，深化生态环境联保共治，推动跨省生态环境立法合作、标准协同、信用合作和应急协作。

（3）提升生态环境治理能力建设水平

持续优化生态环境监测体系，发挥环境监测质量控制中心、数据中心和培训考核中心的作用，多方位整合完善水、气、土、海、生态等各要素环境监测监控网络，形成陆海统筹环境监测体系，实现生态环境数据的互联共享，提升环境质量管理决策水平。建立完善多领域、全过程、多层级监测预警体系，加强对生态系统状况、生物多样性、生态风险、保护成效的监测评估，开展突发环境事件应急演练，逐步开展省、市、县三级资源环境承载力评价。建立政府、企业环境社会风险预防与化解机制。加强环境风险常态化管理，强化区域开发和项目建设的环境风险评价，加强环境风险监控预警应急体系建设。建立浙江特色的环境综合监督执法体系，明确各行业主管部门“管行业管环保”的职责以及环境执法协作责任，大力推进县级和乡级政府综合行政执法，健全乡镇（街道）生态环境网格化监管体系。持续推进环境保护和治理数字化，推动全省范围内跨部门、跨地区的生态环保信息互联互通，构建全省生态环境信息资源共享数据库，迭代升级生态环境保护综合协同管理平台，加快推进部省环境监管数据融合。完善生态环境保护行政执法与行政检察、刑事司法衔接机制，加大对破坏生态环境案件起诉力度。持续推进生态环境人才全员培训和标准化建设，开展浙江省生态环境综合管理试点建设，为基层生态环境部门监管能力建设提供范本。

9.5.8 全方位构建多元主体参与的社会治理体系

建立健全环境污染问题发现机制，实施重奖举报制度，形成全流程、闭环式、智能化的问题发现查处体系。建立必要的社会治理协调机构，在 11 个设区市全覆盖构建“环境医院”类型的“一站式”、全流程的环境综合服务平台，在政府、企业、公众共治过程中建立起定期、不定期的协商会议机制，建立环境治理仲裁委员会，充当起冲突的仲裁机构。严格落实企业主体责任，引导企业将环境成本“内部化”，探索试点和推广生产者责任延伸，推动企业主动参与环境治理。平等对待各类环境治理市场主体，规范市场秩序、健全收益和成本风险共担机制，引导各类社会资本参与环境治理。提升社会组织和公众的参与度。

第 10 章　美丽建设的科技支撑研究[①]

科技在环境污染改善、调整产业结构、经济发展等方面发挥越来越重要的作用。本章在梳理浙江生态文明建设科技发展现状的基础上，厘清目前浙江科技发展存在的问题，研判美丽建设的科技支撑方向，梳理可行科学技术发展现状，研究美丽建设的科技支撑的关键技术，提出从人才队伍建设、搭建产学研融合平台、建设高新技术产业带等方面强化浙江科技建设。

10.1　基本现状

10.1.1　科技助力污染攻坚战

（1）大气污染

浙江不仅关注大气污染治理，也更加注重定量化、精细化厘清省内及周边地区大气重污染的成因和来源，并从源头上控制，实现污染物减量化。在建设移动智慧城市方面，浙江一直走在全国前列，省会城市杭州早已成为全球最大的移动支付之城。近年来，浙江推出了针对国内城市精准治污的高效城市网格化环境监测系统，通过智慧城市网格化环境监测可以精准治理城市大气污染，通过智慧交通可以降低交通事故发生率、提高交通系统的运行效率、从而减少机动车尾气的排放，减少 CO、$PM_{2.5}$ 等大气污染物的排放。

（2）水污染

浙江科技系统充分发挥科技创新工作在“五水共治”重点环保领域工作中的重要支撑作用。重点突破黑河、臭河、垃圾河等污染治理与生态恢复技术、重点行业废水处理与再生利用技术、城镇污水处理厂提标改造技术、饮用水安全保障技术、农业农村面源

① 本章执笔人：张婉君、张清宇。

污染控制技术、畜禽养殖废物综合处置及资源化利用技术及病死猪无害化处理技术等。2014 年 5 月，浙江省水利厅向省“五水共治”技术服务团推介了 7 家技术支撑单位、37 名专家和 33 项先进技术，为“五水共治”提供了有力的技术支持。

（3）土壤污染

自全国开展土壤污染状况详查工作调查以来，浙江集结省内外各大研究院所、科研部门的科技力量，详查了省内表层土壤、深层土壤以及农产品，获得土壤中重金属、酸碱度、有效态、有机污染物以及农产品中重金属含量的数据，并建立了浙江全省农用地土壤数据库，成为全国第一个通过土壤污染状况详查评审的省份。此次土壤详查数据库的建立，为后续推进农用地土壤环境保护和污染治理奠定了坚实基础。

（4）助力协同防治

打好污染防治攻坚战重点在于协同防治，而科技可以通过以下方式为协同防治助力，从而打造有浙江特色的环保体系数字化转型：协同推进平台积极运用云计算、物联网、大数据、人工智能等先进技术，打造全面、精细、智能的生态环境信息化管理体系，构建环境监管、科学预警、智能响应、监督评价一体化运行机制。同时，利用信息技术将工作计划和方案数字化，分解成为目标任务、重点举措和保障条件，实行挂图作战，建立“考核指标—差距问题—责任地区—责任单位—责任人”的追溯系统，确保了污染防治重点工作件件有落实、条条有考核、事事有结果。

10.1.2　科技支撑经济高质量发展

（1）“创新券”助力“腾笼换鸟”

浙江自“生态立省”以来，大力开展循环经济，促进“腾笼换鸟”，其中企业自主创新能力的焕发是浙江“腾笼换鸟”能取得显著成效的关键原因之一。在整合科技资源、提供产学研融合平台、激发企业创新能力等方面，浙江根据省内市场经济特点，以市场为导向推行的“创新券”政策功不可没。

（2）可持续发展实验区推进“生态经济”

浙江是全国较早开展可持续发展实验区建设的省份之一。20 多年来，浙江不断推进全省可持续发展实验区的培育和建设。一是持续推进经济转型升级，调整优化产业结构，推进经济增长方式由量的扩张向质的提高转变，逐步建立起了符合可持续发展要求的集约型、生态化的绿色产业体系。二是不断强化生态经济建设。部分实验区在保护生态环境的前提下发展经济，采取适宜的生态修复和重建手段，加大生态保护和建设力度，从源头上扭转生态环境恶化趋势，为生态文明建设作出有益尝试。

10.1.3 科技支撑产业结构调整

改革开放以来，浙江坚决贯彻落实党中央、国务院关于经济工作的各项决策部署，改革创新，先行先试，不断加大科技创新力度，以提高技术含量、延长产业价值链、增加附加值、增强竞争力为导向，推动产业结构不断调整优化。科学技术是经济发展的强大动力，浙江以科技创新推进产业结构优化升级，扶持战略性新兴产业发展，产业朝向使污染减少的方向发展，从而为污染防治攻坚战实现提供有力的保障。

10.1.4 科技优化“三生空间”占比

科技有助于优化“三生空间”占比，协同浙江的污染物空间分配，提高环境承载力。“三生空间”比例失调是引发城市病的主要根源之一。粗放式的生产空间利用、生态空间的不足，将会割裂人与自然之间的物质循环关系；生产与生活空间比例的失调、生活空间的压缩，会引发住房和生活设施用地供给的减少，从而引发房价过快上涨。为有效实施这些国土规划，需要利用科技手段，如构建以生产、生活和生态功能为主导的土地利用分类体系，实现区域可持续发展。

10.1.5 科技助力生态文化自觉的培养

浙江深化生态文化产业与相关产业的融合发展，培育了新型的生态文化业态。同时，浙江不断促进生态文化产业与科技融合发展，发挥了移动互联网、云计算、大数据、物联网等新一代信息技术的推动作用。生态文化产业与电商融合发展，发挥了阿里巴巴集团、浙中信息产业园等龙头企业（园区）优势，创新商业模式。此外，生态文化产业与旅游融合发展，一批批与浙江精神气质吻合、代表浙江形象的生态文化旅游产品不断推出。政府、社会、家庭以及各种大众媒体、社会媒体通过现代科技展开多层次、多形式的舆论宣传和理论知识普及，把生态文化教育作为全民教育、终身教育来抓，把增强生态文化自觉意识上升到提高全民素质的战略高度，从而培养浙江全民的生态自觉意识。

10.1.6 科技改变考核模式

（1）大数据助力生态考核

近年来，浙江不断创新完善考核机制和模式，将信息化技术充分运用到考核管理中，充分利用大数据处理、存储和查询功能，将碎片化的记录整合，使平时考核更加简捷、方便操作，高效实现考核工作的精细化、专业化和网络化管理，提高了工作效率，降低了行政运行成本。

（2）助力“最多跑一次”引领“放管服”改革

“最多跑一次”改革是基于大数据，浙江省委、省政府充分运用“互联网+政务”全面推进政府改革的重大举措。浙江“最多跑一次”的改革，重点在于“数据共享、数据跑路、互联互通”；前台“一窗受理”之所以能够实现，在于后台的“一网通办”。“最多跑一次”改革的顺利推进和浙江省作为大数据应用大省的技术支持和数字化生存的社会氛围密不可分。此外，浙江还发挥市场主体参与社会治理的作用，充分借助阿里巴巴公司的技术优势，与企业合作，利用企业的技术支持，建设一个政务数据的“中央厨房”。

10.1.7　科技便民惠民

（1）信息化平台实现智慧养老服务

浙江在智慧养老服务方面在全国一直走在前列，杭州作为首个整体推动实施“智慧养老”服务的副省级以上城市，早在 2010 年就开展智慧养老“关爱手机”试点，2013 年全面实施“智慧养老”项目，率先将信息技术应用到居家养老服务中。2017 年，智慧养老进一步升级 2.0 版本，为老年人提供“线上+线下”、高效、便捷的“一揽子”居家养老服务。此外，早在 2016 年，嘉兴就提出全力打造“20 分钟养老服务圈”的目标。

（2）健康医疗服务

浙江在人口健康领域，包括传染病防控、器官移植、微创外科、肿瘤早期诊断和个体化治疗、辅助生殖、新生儿缺陷筛查、心胸外科、致盲眼病防治等方面均达到国内领先或先进水平，生物制药技术水平和新药创新能力大幅提升，诞生了一批国产新药和中高端医疗器械。2019 年感染性疾病（依托单位为浙大一院）、眼科疾病（依托单位为温州医科大学）、儿童疾病（依托单位为浙大儿童医院）3 个国家级临床医学研究中心获批建设。

10.2　存在的问题

10.2.1　科研院所研究成果落地情况还有待改善

科技成果转化是一项风险性事业，没有政府做后盾，没有政府资助，单个个人或企业很难做到。在科技成果转化过程中，政府作用是必不可少的，政府起到了良好的引导作用，制定有效的激励政策。资金问题是科技成果转化的供给方和接受方面临的共同问题。目前浙江科技成果转化资金来源主要依靠政府拨款、自筹资金和金融融资，政府拨款中用于成果转化的投资明显不足；企业的自筹资金因没有把吸纳新技术新成果提到应有地位而有失力度；金融融资方面缺少风险投资。目前浙江科技成果转化方面的法律法规还不健全，无论从数量还是覆盖范围上都不能为科技成果转化提供有力可靠的法律保障，尤其是科技成果在科研院所与企业之间将所有权转变为使用权时，产生的知识产权保护问题。

10.2.2 科技对软实力支撑有待加强

浙江的传统文化产业传播方式与其他发达城市对比相对落后。演出业、影视业、出版业等诸多文化产品的传播，仍停留在传统技术层面，运用高新技术创新不够，传统的技术存在一定程度的局限性，不能面面俱到。在传统文化产业传播的过程中，传统技术不能使大部分受众接收到信息，也可能会造成传播的方式单一或是传播方式不够形象、生动，不能更快地被接受。

10.2.3 科技对产业结构调整的支撑有待加强

尽管浙江科技进步大大促进了产业结构的优化升级，但是这种促进作用还没有得到充分发挥，浙江产业结构优化升级仍然存在科技支撑力不足问题。主要表现在：①企业创新能力不强。多数企业的创新意识不强，缺乏核心技术和市场竞争力，影响了产业的优化升级。②科技成果转化效率偏低。每年全省各级各部门安排了大量的科技项目，产生了一大批科技成果，但这些成果真正实现转化的不多。③科技创新脱离产业发展需求。一方面，科技创新脱离产业发展需求。科研管理体制基本上还是政府主导型，对产前、产后、高新技术、应用和发展型技术的研发重视不够。另一方面，先进适用技术的推广和扩散不畅。

10.2.4 科技对能源结构调整的支撑有待加强

浙江是能源消耗大省，95%以上的化石能源依赖省外调入，能源问题一直是制约经济社会发展的“瓶颈”。同时政策引导和科技经费支持还有待加强，通过科学手段节能降耗、清洁生产、循环利用的先进适用技术，可以提升产品档次、产业层次，既降低了能耗又减少了废弃物排放。浙江新能源发展面临研发水平有待提高的困境。研发人才匮乏和研发资金短缺，导致新能源技术已成为制约浙江新能源产业发展的最大“瓶颈”。浙江太阳能光伏产业虽然快速发展，但依然是材料、销售市场、关键设施三头在外的产业格局。多晶硅生产的核心技术被国外垄断，产业的关键设备依赖进口，新能源技术难以实现产业化发展。

10.3 美丽浙江建设的科技支撑重要方向

10.3.1 总结科技建设优秀经验并不断深入落实

大力弘扬创新文化，营造创新和谐浓厚氛围。科技要大力弘扬奋力攀登的创新文化，团结和组织广大科技工作者，增强发展创新文化的责任意识。鼓励探索、宽容失败，着力培育互助友爱的人际关系。坚持尊重劳动、尊重知识、尊重人才、尊重创造，在全社会范围内培育创新意识，鼓励创新精神，激发创新活力。倡导人才评价中既重学历资历，更重能力业绩的观念，鼓励中青年优秀科技人才脱颖而出，引导和激励各类人才积极进行知识创新、技术创新。

充分发挥企业科技作用，促进建立以企业为主体的技术创新体系。建立以企业为主体、市场为导向、产学研相结合的技术创新体系。科技建设要团结和组织广大科技工作者，增强勇攀科技高峰的进取意识，做科技创新的实践者，激励广大科技工作者积极投身自主创新实践，自觉把研究开发活动与经济社会需求紧密结合起来，促进科技创新体系建设。充分发挥企业科技，特别是民营高新技术企业科技作用，广泛开展以技术创新为主要内容的“技术创新引导工程”“科技兴企”等活动，解决技术难题，培训技能型人才，提升企业的研究开发水平和技术创新能力。

努力服务广大科技人员，建好科技工作者之家。建立健全科技工作者建议呈报制度，组织广大科技工作者围绕经济社会发展中的重大科技问题，加强决策咨询，积极建言献策，在广大科技工作者与各级党委政府之间建立起畅通稳定的沟通渠道。建立经常化、制度化、规范化的科技工作者状况调查研究制度。切实做好科技工作者的表彰宣传工作，积极举荐优秀科技人才，支持和帮助广大科技工作者在创新和谐新发展进程中建功立业。

10.3.2 加强创新人才队伍建设

建立科学规范的人才分类机制。围绕浙江创新驱动战略和产业发展重点，坚持定性与定量相结合，细化人才评价标准，划分人才层次，逐步建立层次清、标准高、易操作的人才分类评价制度。建立人才分类动态调整协调机制，成立省人才分类协调小组，定期修订完善人才分类目录。针对浙江产业发展急需、社会贡献较大、现行人才目录难以界定的“偏才”“专才”，经协调小组联席会议认定后，享受相应的人才政策。

大力引进海内外创新创业人才和团队。坚持国内与海外并重，大力引进浙江信息经济、智慧经济发展急需的高、精、尖等紧缺实用人才和团队。加强高层次人才事业编制保障。充分发挥企业、高校、科研机构等用人单位的引才主体作用，鼓励和支持用人单位加大对紧缺创新创业人才引进力度。

浙江以智力密集型、技术集聚型的产业为主，今后，政府一方面要制定引进外部人才的各项鼓励政策，打造人才发展的良好环境，注重人才的吸引、吸收；另一方面，要依托科技合作平台，充分发挥高校、科研院所在人才培养方面的积极作用，形成长效机制，培养本土专业技术人才梯队，为可持续发展提供可靠的智力支持和技术保障。

10.3.3 搭建产学研深度融合平台

把科技成果转化作为落实创新驱动发展战略的“关键点”，作为科技创新工作的“一号工程”，坚持“需求端、供给端、平台端、服务端、环境端”五端发力，着力构建以企业为主体、市场为导向、产学研用紧密结合的创新体系。一是突出“互联网+成果转化”，积极搭建线上线下融合的产学研合作专业平台。二是解决供需各方利益“痛点”，出台落实鼓励产学研合作政策举措，为推进科技成果转化体系建设提供强有力的政策环境保障。三是完善科技成果服务体系，着力打造产学研合作最优生态。四是深化科技创新开放合作，广泛开展产学研合作交流对接。

10.3.4 加强科技对软实力的支撑力度

浙江可以利用科技加大宣传力度。网络技术、信息技术等高新技术可以使地方特色文化产业的特点集图像、文字、声音于一体，从而让人们更加全面地了解浙江特色文化产业；而数字出版技术则可以使信息能够无限地复制，降低宣传的成本，也可以使更多的人接收到信息。互联网技术的应用可以使宣传内容更大范围地传播，无形中增加了受众。同时，互联网技术也支持宣传信息在网络上不停滚动出现，这样就增加了人们接收所传达信息的可能性。各种技术的运用促使更多的人了解和发现地方特色文化产业的优势，从而吸引人们来体验和分享浙江地方特色文化产业所富含的独特文化内容。

10.3.5 加快国家高新技术产业带建设，优化产业布局

优化产业带高新技术产业布局，以各类高新技术产业开发区和工业园区为载体，推动国家高新技术产业开发区向创新型特色园区发展，积极推动大学科技园、留学生创业园、科技企业孵化器建设。围绕千亿元产业的培育和发展，加大千亿元产业重大科技攻关工程实施力度，加强产业共性关键技术攻关和新产品开发，加快利用高新技术改造提升传统产业，积极推动工业循环经济和节能减排，大幅提升浙江工业竞争能力和可持续

发展能力。

10.3.6 加大新能源推广使用力度，提高新能源核心竞争力

加大新能源自主创新支持力度，鼓励前沿技术研发，对具有重要实用价值、对产业具有重大推动作用的研发及产业化项目给予集中支持和滚动支持。对依靠自身力量取得重大创新成果并进行市场转化的企业，给予前期科研和转化投产的经费补偿，提升企业后续研发能力。加强新能源产品标准体系建设，加快实施强制性标准，对产品具有明显竞争力的企业实施扶强扶优，淘汰部分落后产能。

建议推进气价改革，尽快理顺天然气价格与其他可替代能源的比价关系，将政府补贴落实到天然气开采、生产、设备安装等各环节，降低天然气使用价格，充分调动企业生产、政府推广、企业使用的积极性，降低治污支出，推动节能减排。

鼓励新能源企业与电力系统加强沟通合作，推动小型光伏系统、离网光伏系统、建筑光伏系统应用，深化新能源规划与电网规划互动的协同机制。鼓励省内用户优先选购省产设备，建立省内新能源装备制造企业与省内大用户的合作机制，将鼓励政策和有效措施落实到项目规划、咨询评估、审批核准、招标采购、财政支持的各个环节。同时，积极应对贸易摩擦，通过工商联平台，建立政府部门指导、商会协调支持、企业团结应对的合作机制，提高应对策略，争取控制贸易争端的主动权。

第11章　全过程重大工程研究[1]

重大工程项目（以下简称重大工程）是指由政府主导的投资规模大、在国民经济和社会发展中具有重大影响的大型工程项目，对国家或一个地区经济、政治、社会、科技发展、生态环境保护、公众健康与安全等具有重要影响的大型公共工程设施，是区域社会发展的重要载体，主要包括交通、水利、城市建设、生态环境保护等大型基础设施建设项目。例如，三北防护林工程、南水北调工程以及我国近年来建设并投入运营的青藏铁路、港珠澳大桥等重大交通工程。重大工程建设活动往往会对所在区域甚至周边区域的经济发展、社会环境、资源利用、能源消耗和生态环境都产生巨大而深远的影响。新时代，如何贯彻落实生态文明思想和绿色发展理念，兼顾重大工程建设及其所在地区自然生态保护、环境质量改善、经济社会发展，将可持续发展融入重大工程项目管理中，从多尺度、多维度谋划构建重大工程体系，是重大工程研究中面临的重要课题。

开展美丽浙江建设全过程重大工程研究，是实现美丽浙江建设的重要支撑。本章围绕新时期推进美丽城乡、美丽空间、美丽环境、美丽经济、美丽文化、美丽制度建设主线，在省域美丽国土空间建设、全新数字产业引领、全产业绿色转型提升、全要素环境质量提升、全系统生态保护修复、全系列美丽幸福家园建设、全社会生态文化弘扬、全方位生态环境治理能力提升八大领域开展重大工程研究。

11.1　浙江生态省建设重大工程回顾

2003年以来，浙江历届省委、省政府深入践行“生态文明建设”重要思想，坚持以

[1] 本章执笔人：陶亚、王佳宁。

“八八战略”为总纲，根据生态省建设的总体目标，以生态工业与清洁生产、生态农业建设、生态林建设、万里清水河道建设、生态环境治理、生态城镇建设、农村环境综合整治、碧海生态建设、下山脱贫与帮扶致富、科教支持与管理决策十大领域重点工程为抓手，集中力量有序推进环境污染整治、环境保护新三年行动、生态文明建设推进行动、美丽浙江建设等一系列行动，突出八大水系和各地市的 11 个环保重点监管区的治理，解决了突出存在的环境污染问题，扭转了全省环境恶化趋势并实现环境质量持续改善，实现了“两个基本、两个率先”的目标。推动了浙江生态环境改善与污染减排走在全国前列，生态文明建设取得了明显成效。

11.1.1 全面持续推进生态环境治理与保护工程，生态省环境保护与建设成果突出

2003 年以来，浙江持续推进水土流失治理、矿山治理修复、自然保护区建设等工程：累计治理水土流失面积达到 1.05 万 km^2，全省废弃矿山治理率达 90%以上，各类自然保护地面积占陆域面积的比例超过 2.0%，提前达到美丽浙江建设的目标。浙江森林覆盖率由 2001 年的 59.4%提高到 2017 年的 61.17%，达到省级森林资源年度监测以来的最高值。其中，全省平原林木覆盖率实现 21.1%，已达到发达国家的水平。但对比相关方案的目标，水土流失与废弃矿山治理力度仍需加大，海洋自然保护区的建设距离生态省目标尚有差距；并且目前全省森林覆盖面积已接近空间“瓶颈”，下一步应在提高森林质量、丰富树种多样性方面加强建设。

2003 年以来，以“万里清水河道建设工程”为抓手，通过岸堤加固、清淤疏浚、水系连通、配水引调、生态修复等综合措施，持续不断地推进河道综合整治工作，全省地表水等水环境质量改善明显。2017 年以来，本届政府持续推进“两创建、两提升”为重点的“五水共治”各方面工作，实施“清三河”行动，全省基本剿灭劣Ⅴ类水；截至 2018 年年末，省控Ⅰ～Ⅲ类水质断面比例达 93.2%。全面推动以近岸海域环境整治和生态修复为重点的碧海建设工程，近岸海域环境污染趋势得到基本控制；2005—2016 年，浙江一、二类海水占比从 20%上升到 37.7%，四类和劣四类海水占比从 62.2%下降到 51.1%。但近岸海域环境质量状况依然不容乐观，仍需进一步统筹上下游城市加大治理力度；同时仍需重视各大水系河湖碧水行动的建设，防范局部河段黑臭水体反弹、水质退化的风险。浙江历年清水河道建设工程进展见图 11-1。

截至 2019 年，全省江河湖库总体水质良好，水质达到或优于地表水环境质量Ⅲ类标准的省控断面占 91.4%，无劣Ⅴ类水质断面；跨行政区域河流交接断面水质达标率 96.6%；县级以上城市空气质量（AQI）优良天数比例平均为 93.1%，$PM_{2.5}$ 平均浓度为

29 μg/m³；全省生态环境状况等级为优。

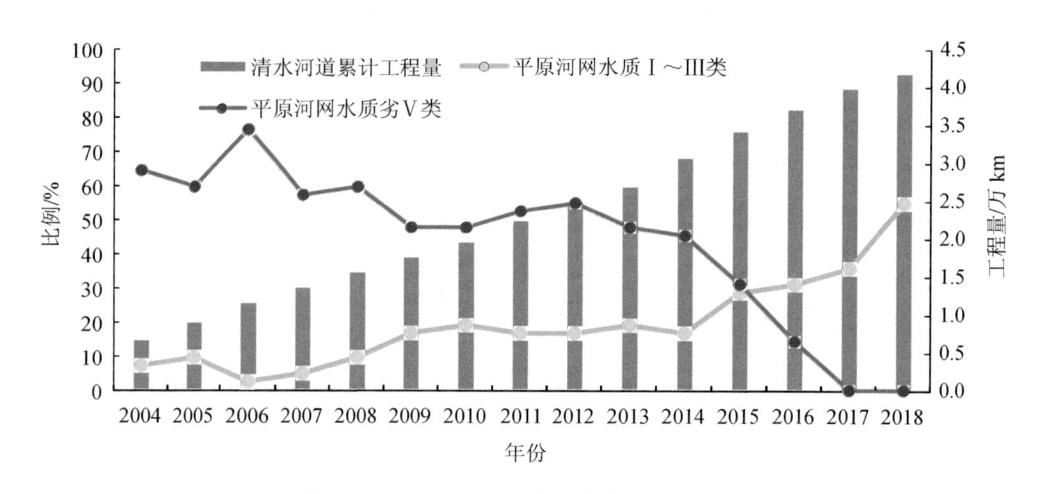

图 11-1 浙江历年清水河道建设工程进展

数据来源：2004—2017 年度"浙江生态省建设发展报告"及"美丽浙江建设发展报告"。

11.1.2 节能环保产业、特色农业快速成长，推动浙江生态工农业高质量发展

2003 年以来，浙江全省生产总值实现年均增长 7.9%，呈现出新旧动能加快转换，高新技术产业、现代服务业加速发展的良好态势。2017 年全省第三产业增加值为 2.73 万亿元，稳居全国第 4 位，增速为 8.8%，对 GDP 增长的贡献率达到 52.7%；其中，节能环保产业增加值 1 607 亿元，占规模以上工业增加值的 11.2%。"一乡一品"的有机农业、循环农业、观光农业等各具特色的发展模式遍地开花；主导农产品中，无公害农产品、绿色食品、有机食品产地面积比重达到 50%以上，实现了生态农业主导化。通过"亩均论英雄"改革，提高单位面积土地的产值，实现资源的高效利用，推动了浙江生态工农业高质量发展。

11.1.3 城镇乡村生态环境持续改善，人民生活品质不断提高

2004—2017 年，浙江以城市污水处理厂建设为重点，统筹城乡生活垃圾、工业危废、医疗废物管控，全面推进城镇环保基础设施建设。2007 年在全国率先实现县级以上城市污水处理厂全覆盖，2015 年实现建制镇污水处理设施全覆盖。2019 年以来，小城镇环境综合整治持续发力，并进一步提升到美丽城镇建设；截至 2017 年，所有城镇污水处理厂达到一级 A 排放标准、城市污水处理率达 94.5%、城市生活垃圾无害化处理率达 100%，建成区绿化覆盖率达 40.4%。2003 年以来，浙江通过全面推进"千村示范、万村整治"工程和美丽乡村建设，不断加大农村环境综合整治力度，有效改善

了农民的生产生活条件。全省建制村实现生活污水治理、生活垃圾集中收集处理全覆盖，农村生活垃圾分类覆盖面、回收利用率、资源化利用率和无害化处理率分别达到 61%、32.1%、82.3%和 99.2%。在脱贫致富方面，浙江先后实施“百乡扶贫共建计划”、欠发达乡镇奔小康工程、低收入农户奔小康工程、低收入农户收入倍增计划、下山脱贫、山海协作等一系列工程，把欠发达地区培育成为浙江经济新的增长点，2017 年浙江成为全国首个实现脱贫任务的省份。2017 年以来进一步深入落实“千万工程”和美丽浙江建设，加快推动相关规划方案全面落地、环境整治持续发力、基础设施提档升级、产业协调发展，全力打造新时代美丽城镇，全省已建成省级与国家级生态县 106 个、国家级生态乡镇 691 个。

11.1.4　科教投入不断加大，为生态省建设注入持续的科技活力

2004—2017 年，浙江共启动生态省建设科技攻关重大专项、水污染防治与水资源综合利用科技专项和固体废物综合处置科技专项等重大科研项目 20 余项，建设 2 个环境资源领域科技创新服务平台。建设 38 家可持续发展实验区，这些可持续发展实验区已成为浙江科技创新的先导区、体制创新的试验区、社会主义新农村建设的示范区、生态文明协调发展的和谐区，为经济社会全面、协调、可持续发展注入强大活力。

11.2　重大工程设计相关理论

重大工程的生命周期包括谋划、决策、设计、建设、运营与绩效评估等多个阶段。建立一套完备有效的重大工程体系，重点在于做好前期的谋划设计、中期的决策与建设和后期的绿色运营三项内容，核心是实现资源能源节约集约利用和生态环境高水平保护这两个目标。重大工程的谋划设计是一系列系统、综合的分析过程，需以生态学、经济学、社会学、系统论等多学科理论为基础开展研究，涉及生态政策、生态补偿、生态成本收益分析和生态工程的系统设计等方面，如在设计阶段的基础理论是生态学和环境学理论，设计方法是系统科学理论，设计评价的基础理论是生态经济理论，综合评估的准则是可持续发展理论。

11.2.1　系统论与生态系统理论

通常把一个系统定义为：由若干要素以一定结构、形式联结构成的、具有某种功能的有机整体。在这个定义中包括了系统、要素、结构、功能 4 个概念，表明了要素与要素、要素与系统、系统与环境 3 个方面的关系。系统论认为，整体性、关联性、等级结

构性、动态平衡性、时序性等是所有系统共同的基本特征。这些既是系统所具有的基本思想，也是系统方法的基本原则，表现了系统论不仅是反映客观规律的科学理论，也具有科学方法论的含义，这正是系统论这门科学的特点。系统论的任务，不仅在于认识系统的特点和规律，更重要的还在于利用这些特点和规律去控制、管理、改造或创造这一系统，使它的存在与发展合乎人的目的需要。也就是说，研究系统的目的在于调整系统结构，协调各要素关系，使系统达到优化的目标。系统论的出现，使人类的思维方式发生了深刻的变化。

生态系统理论尽管是系统论的一个分支，但是它的提出却比系统论的提出要早。生态系统理论是英国著名生态学家坦斯利（A.G. Tansley）于1935年首先提出的，此后经过了美国林德曼（R.L. Lindeman）和奥德姆（E.P. Odum）的继承和发展。该概念的表述是：在一定的空间内，生物和非生物成分通过物质的循环、能量的流动和信息交换而相互作用、相互依存所构成的一个生态功能单元。生态系统理论中对于生态环境工程具有直接指导意义的是，生态系统平衡与生态稳定理论。

有关生态平衡的定义到目前尚无统一的表述。中国生态学会提出的定义是："生态平衡是生态系统在一定时间内结构与功能的相对稳定状态，其物质和能量的输入、输出接近相等。在未来干扰超越自我调节能力，而不能恢复到原初的状态谓之生态失调或生态平衡破坏。"生态稳定是动态平衡的概念，生态系统由稳态不断变为亚稳态，又进一步跃为新稳态。生态稳定是在生态系统发育演变到一定状态后才出现的，表现为一种振荡的涨落效应。所谓的生态平衡，只不过是非平衡中的一种稳态，是不平衡中的静止状态，在受到自然因素和人为因素的干扰时，生态平衡就会被破坏，当这种干扰超越系统的自我调节能力时，系统结构就会出现缺损，能量流和物质流就会受阻，系统初级生产力和能量转化率就会下降，即出现生态失衡。生态平衡的调节主要是通过系统的反馈能力、抵抗力和恢复力来实现的。生态系统对外界的干扰具有自身调节能力，才能使之保证了相对稳定，但这种稳定机制不是无限的。生态平衡失调就是外界干扰大于生态系统自身调节能力的结果和标志。不使生态系统丧失调节能力，或未超过其恢复力的干扰或破坏作用的强度称为"生态平衡阈值"，它的确定是自然生态系统资源开发利用的重要参量，也是人工生态系统规划和管理的理论依据。

由于以生态环境工程为代表的重大工程都是规模庞大的系统工程，工程项目的谋划决策、施工和管理过程也囊括了诸多相关因子。系统论和生态系统理论反映了现代社会化大生产的特点和组织控制，是研究现代社会生产复杂性的理论思想和方法体系，将其应用于重大工程体系的谋划设计中，具有极其重要的指导作用。

11.2.2　生态经济学理论

生态经济学是生态学和经济学相互渗透、有机结合而形成的、研究生态—经济复合系统的结构和运动的边缘学科。生态经济学是研究社会再生产过程中经济系统和生态系统之间物质循环、能量转化、信息交流和价值增值规律及其应用的经济学。其核心是把经济系统看作地球这个更大系统的子系统，以更开阔的视野来观察、分析和解决问题。它通过研究自然生态和经济活动的相互作用，探索生态经济社会复合系统协调、持续发展的规律性，并为资源保护、环境管理和经济发展提供理论依据和分析方法。

生态经济学是在适应资源保护、环境管理和经济发展需要的过程中不断拓展的。生态经济研究在宏观层面，从生态平衡论拓展到相互协调论和可持续发展论；在产业层面上，从农业拓展到工业、服务业；在地域层面，从生态村拓展到生态乡、生态县、生态市和生态省；在研究内容上，从生态保护拓展到生态建设和生态恢复；在协调层面，从生产行为拓展到消费行为。经过若干次的拓展，生态经济学逐步成为一个能为生态经济形态的发育提供理论和方法的学科体系。

生态经济系统是生态经济学的灵魂，生态经济系统的特性和二者耦合过程是生态经济学的核心原理。尽管生态经济学的理论体系和方法论尚处于形成和探索阶段，但是在总体上生态经济系统的特性可以概括为：①概念系统与实体系统的融合性。生态系统是通过能流、物流的转化、循环、增殖和积累过程与经济系统的价值、价格、利率、交换等要素融合在一起的实体复合系统。②生态经济系统的协调有序性。即生态系统有序性与经济系统有序性的融合。生态系统有序性是生态经济系统有序性的基础。这两个基本层次有序性必须相互协调，并共同融合为统一的生态经济系统有序性。③生态系统与经济系统的双向耦合。二者耦合过程，即相互作用、相互交换以改变自身原有的形态和结构，共同耦合为一体的过程。经济系统把物质、能量、信息输入生态系统后，改变了生态系统各要素量的比例关系，使生态系统发生新的变化，同时经济系统利用生态系统的新变化从其中吸收对自己非平衡结构有用的东西，来维持系统正常的循环运动。同时，生态经济系统又是生态系统与经济系统耦合的结果。生态系统内的负反馈机制，调节着系统中种群生物量的增减（个体数），使之维持动态平衡。经济系统的反馈机制，表现为经济要素和经济系统目标之间的反馈关系。能否实现生态经济持续发展目标的关键，在于能否使生态系统反馈机制与社会经济系统反馈机制相互耦合为一个机制，这一过程实质上是经济系统对生态系统的反馈过程。在现代社会再生产中，经济系统对生态系统反馈的直接手段是技术系统。在反馈过程中，不同的阶段要有先有后、有主有次地分别使用不同的技术手段。但无论使用何种技术，都必须符合生态系统反馈机制的客观要求。

11.2.3 生态管理学理论

传统重大工程项目的谋划及其实施管理中对生态环境的关注不够全面、深入和系统，难以适应社会可持续发展战略的需要，很有必要深入认识生态管理，并用这一理论来改造传统的项目管理。

生态管理学的定义可归纳为：运用涉及生态学、经济学和社会学等的跨学科的原理和现代科学技术，指导人类行动对生态环境的影响，协调发展和生态环境保护之间的关系，最终实现经济、社会和生态环境的协调可持续发展。生态管理是管理史上的一次深刻革命，虽然目前它还不成熟，但是它基本强调的内容包括：首先是经济与生态的可持续发展。其次，它意味着一种管理方式的转变，即从传统的“线性、理解性”管理（这种管理的一个显著特征是，管理者似乎对被管理的系统有全面、定量和连续的了解）转向一种“循环的渐进式”管理（又叫适应性管理），即根据试验结果和可靠的新信息来改变管理方案，原因在于人类对生态系统的复杂结构和功能、反应特性以及未来演化趋势的了解还不够深入，所以只能以预防优先为原则，以免造成不可逆的损失。再次，生态管理非常强调整体性和系统性，要求认知到所有生命之间的相互依存关系（纯粹的人类中心主义或生物中心主义都是片面的，它们是两个极端）——个体和社会都是自然界的组成部分，要用系统论的思想来谋求社会经济系统和自然生态系统协调、稳定和持续的发展。最后，生态管理强调更多公众和利益相关者的广泛参与，它是一种民主的，而非保守的管理方式。

随着对生态问题认识的逐步深化及价值观的变迁，传统的项目管理开始受到生态管理的严峻挑战。一是生态管理有不同的价值观和优先性。传统的项目管理，基本上是一种以自我为中心（人是自然的征服者和主人）的用途性管理，与工业文明相适应。而生态管理则强调不纯粹以人类（尤其是当代人）为中心，不纯粹以经济产品或服务为目的，要求优先考虑生态系统的承载能力，与生态文明相适应。二是生态管理要求考虑更广阔和深入的环境背景。传统的项目管理中也考虑环境问题，如污染的防治等，但往往只考虑到区域的小环境，而且不够深入，物种多样性及生态系统的健康、持续性、服务功能则是在考虑之外的。三是生态管理要求考虑更长久的时间跨度。传统的项目管理往往只涉及一个项目的生命周期。生态管理则要求考虑项目及其所提供产品或服务在全部生命周期中对环境的影响，以及该项目对生态系统的更长远的可能影响。四是绩效的评价准则方面。传统的项目管理主要是以经济或财务指标为评价准则（生态建设项目不在此列），生态外部性考虑极少。而生态管理则要求具备一种综合评价准则，注重经济、生态和社会指标的融合。

11.2.4　重大工程决策理论

与重大工程的决策机制相关的研究理论涉及多门学科，主要是管理学科和经济学科。当前在重大工程建设项目决策研究领域主要关注两个方面：一方面是一般性的研究，另一方面是针对特定项目的决策进行案例研究。前者又表现为以某种视角来对重大工程决策进行分析考察，例如，杨建科等从工程社会学的视角看工程决策的双重逻辑，指出工程决策是指向未来的、非线性的社会系统决策，从决策的主体、过程和影响因素分析。工程决策有社会决策和技术决策两个层次，社会决策是工程的合理性和合法性决策，体现的是价值合理性，技术决策是工程的可能性和可行性决策，体现的是工具合理性，这两种决策逻辑交织在一起，其中工程的社会决策影响和决定着工程的技术决策。陈伟应用系统论原理，对重大工程项目决策机制进行研究，分析了决策机制这一系统的内部各子系统的构造和功能及相互联系、促进、制约的原理及工作方式，从时间维度研究重大工程项目的决策程序子系统，从逻辑维度研究了决策逻辑子系统，从知识维度研究决策支持子系统，从考察决策主体角度研究决策组织结构子系统，从考察决策系统外部环境角度研究决策法制子系统，其研究结论认为提高项目全生命周期的综合效益是实现重大工程项目决策机制科学化的有效途径。有的研究者从重大工程决策机制方面进行探讨，例如，雷丽彩等开展的关于大型工程项目决策复杂性分析与决策过程研究，针对大型工程项目决策的不确定性、涌现性以及动态演化等非结构化特征，基于定性、定量相结合的综合集成原理构建大型工程项目复杂决策问题的决策流程；而卢广彦等则特别关注了国家重大工程决策机制的构建问题，认为应该在 6 个方面努力构建完善国家重大工程决策机制，包括制定和完善重大工程决策相关法规，完善重大工程论证机制，建立重大工程下马论证机制和法定程序，建立和完善论证专家遴选程序和机制，充分发挥论证专家的重要作用，正确处理专家论证与政府决策的辩证关系等。

11.3　美丽浙江重大工程总体设计

11.3.1　总体设计思路

（1）总体考虑

以党和国家“生态文明建设”、实现“美丽中国”的战略目标为导向，根据美丽浙江建设规划目标和重大任务要求，从“美丽城乡”“美丽空间”“美丽环境”“美丽经济”“美丽文化”“美丽制度”6 个维度，结合区域社会经济发展水平与预期，按照不同领域、不同区域、不同要素改善目标，开展美丽浙江建设重大工程设计，推进“美丽中国”的先行示范区建设。“美丽浙江”重大工程设计既要延续生态省建设期间生态环境保护重大工程的有益做法，又须针对实施过程出现的问题和社会发展的新形势进行重大工程创新设计，坚持系统推进、多措并举，强化多领域协同实施，注重实现生态环境可持续发展。

（2）设计原则

美丽浙江建设在推进经济高质量发展与生态环境高水平保护的同时，加快构建和完善生态文明体系，健全生态环境治理体系和治理能力。基于以上总体考虑，美丽浙江工程设计主要考虑以下几点：

1）以服务区域战略为目标导向。深入贯彻习近平生态文明思想，落实“生态文明建设要先行示范”要求，服务于“美丽中国”的战略目标实现，充分衔接国家关于长江经济带，长三角一体化和浙江省大湾区、大花园、大通道、大都市区建设战略部署，支撑“美丽浙江”建设。

2）以推动高质量发展为目的。创新数字产业经济、绿色发展新模式，实施创新驱动发展，培育新经济增长点和发展支撑点，实现区域绿色转型提升、推动浙江高质量发展。

3）发挥美丽建设示范引领作用。集中发力、重点突破，突出重大工程实施的引领性、示范性，建设美丽中国先行示范区，引领“美丽中国”建设。

4）多领域统筹建设协同推进。多领域协同推进经济高质量发展与生态环境高水平保护重大工程建设，提升生态环境治理治理能力，高水平建设人与自然和谐共生的新时代美丽浙江。

根据美丽浙江建设的总体目标和主要任务，基于浙江生态省建设重大工程实施经验，在美丽国土空间、数字产业引领、全产业绿色转型、环境质量提升、生态保护修复、美丽幸福家园、生态文化弘扬、生态环境治理能力提升八大重点领域进行重大工程体系框架谋划，分阶段、分区域集中力量组织实施 26 个重点专项建设项目，其中近期重大项目建议列入浙江省社会经济发展规划重大工程。

11.3.2 美丽浙江重大工程框架体系

11.3.2.1 省域美丽国土空间建设工程

（1）自然保护地建设

建设开化、凤阳山—百山祖“一园两区”钱江源国家公园和仙居国家公园。规范建设 11 个国家级自然保护区和 16 个省级自然保护区，择优开展自然保护区新建和升级。整合优化风景名胜区、森林公园、地质公园、海洋公园、湿地公园等，建设自然公园。

（2）国土空间绿化

实施新增百万亩国土绿化行动，建设山地、坡地、城市、乡村、通道、沿海“六大森林”，到 2025 年全省完成新增造林 180 万亩以上。开展“千万亩珍贵彩色森林”建设，实施“新种植 1 亿株珍贵树种”“一村万树”行动。

（3）生态廊道建设

开展水系河道绿化、湿地恢复、滩林治理、增设过鱼通道等，建设杭州湾、大运河、钱塘江等流域水系生态廊道和湿地生态景观带，构筑环太湖、杭州湾和沿海生态防护减灾带。开展钱塘江、瓯江、鳌江等重要河口生态系统保护和修复。开展岸线整治和修复，优化调整河湖岸线，建设生态海岸带。

11.3.2.2　全新数字产业引领工程

（1）新型数字基础设施建设

建设 5G、卫星互联网等通信网络基础设施，到 2025 年实现 5G 应用区域全覆盖；建设和运营国家（杭州）新型互联网交换中心。围绕算力基础设施，建设超大规模高等级绿色云数据中心、海洋大数据中心（舟山），建设区块链算力中心。建设广覆盖、大连接、低功耗窄带物联网，开展工业互联网标识解析节点建设，布局全域感知的智能终端设施。

（2）数字经济产业示范

建设乌镇国家互联网创新发展试验区，杭州、德清国家新一代人工智能创新发展试验区。建设杭州、宁波等省级集成电路产业基地和杭州“芯火”双创基地，创建杭州国际级软件名城。建设全国工业互联网发展示范区，建成 20 个以上产值超百亿元的“互联网+”示范园区。发展融合型智能化新产品，在智能网联汽车、智能装备、智慧康养、智能生活产品等领域形成一批具有核心竞争力的智能化产品。建设之江文化城、奥体博览城、钱塘智慧城、绍兴水乡文化风情区，到 2035 年，建成全国数字文化产业中心。建设钱江新城、钱江世纪城、绍兴镜湖新区等中央商务区，到 2035 年，建成国际金融科技中心。

（3）数字科技创新平台建设

以杭州城西科创大走廊、宁波角江科创大走廊、嘉兴 G60 科创大走廊为主载体，建设国家级双创示范基地。建设之江实验室、西湖大学、中科院宁波材料所、阿里达摩院等重大创新载体，构建政产学研用协同创新联盟，建设浙江国家联合创新中心和国际科创城。实施聚焦信息通信、生物医药、新材料、新能源与节能、高端装备制造等前沿领域重大科技专项，建设新型共性技术平台。

11.3.2.3 全产业绿色转型提升工程

（1）农业生态绿色转型

建设全省乡村智慧网，开展智慧园艺、智慧畜禽、智慧水产、智慧农田建设，到2025年，建成1 500个以上数字化种养基地。深化农业“两区”（粮食生产功能区、现代农业园区）建设，到2025年，建成100个以上第一、第二、第三产业深度融合的省级现代农业园区，200个集产业园—科技园—创业园功能于一体的农业可持续发展示范园。建设国家农业可持续发展试验示范区暨农业绿色发展试点先行区、海洋渔业可持续发展试点省。树立浙江标准、推进农业品牌振兴计划-浙农品牌强农项目，实施浙江特色品牌强农工程。

（2）制造业绿色改造提升

开展制造业智能化改造，在石化、钢铁、危险化学品等重点行业开展智能工厂、数字车间、智慧园区改造，到2025年，每年创建100个以上“无人车间”“无人工厂”。建设杭州数字安防、宁波—舟山绿色石化、大湾区现代纺织、大湾区汽车制造等具有全球竞争力的先进制造业集群，建设承载标志性项目的“万亩千亿”新产业平台。开展全省开发区（园区）整合提升，围绕产业结构低碳化、制造过程清洁化、资源能源利用高效化、管理数字化，建设绿色制造园区。

（3）全域生态旅游建设

建设国家生态旅游示范区和省级生态旅游示范区，发展山地观光、休闲度假、户外运动、探险考古等特色旅游，开发海洋旅游、森林旅游、水利旅游、康养旅游等产品，整合完善旅游服务设施，开展智慧旅游厕所建设，完善景区内道路、停车场、慢行系统、交通标识、汽车充电桩、手机充电站等服务设施建设，到2025年，创建20个以上省级生态旅游示范区。打造诗路文化带，建设古镇风华、古道探境、书院论学、非遗体验和休闲康养等一批生态文化旅游精品主题线路。

11.3.2.4 全要素环境质量提升工程

（1）清新空气行动

开展清新空气示范区建设，到2025年，85%的县级以上城市建成清新空气示范区。实施$PM_{2.5}$和O_3“双控双减”，VOCs和NO_x协同治理。开展钢铁、水泥、玻璃等非电行业超低排放改造；分类推进锅炉和工业炉窑污染排放改造；开展重点行业VOCs综合治理。开展煤炭集中使用、清洁利用，实施燃煤热电联产行业综合改造升级。开展清洁能源设施建设，推进岱山、象山等海上风电项目和三门、三澳核电项目。推进重点企业铁路专用线建设，大力发展多式联运，推进“公转铁”“公转水”，建设和改造港口码头岸电设施，淘汰老旧机动车、船舶和非道路移动机械。

（2）深化“五水共治”行动

开展生活小区、镇（街道）、工业园区（集聚区）、内河船舶“污水零直排”建设，加快污水收集管网建设，实施老旧管网修复改造，到 2025 年，85%的县（市、区）完成“污水零直排”建设。推进城镇污水处理厂提质增效，实施农村生活污水提标改造，推进农村生活污水治理设施标准化运维站点建设。在农业生产重点区域，建设氮、磷养分拦截沟渠等面源污染治理设施，实施水产养殖尾水治理。实施河湖生态修复，开展清淤、堤岸生态化改造等综合治理，到 2025 年，建设美丽河湖 700 条（个）。实施太湖等重点湖库蓝藻水华防控。

（3）土壤风险管控

以影响农产品质量和人居环境安全的突出土壤污染问题为重点，因地制宜开展污染地块治理修复示范，到 2025 年，污染地块安全利用率达到 95%。以受污染农用地集中分布区域为重点，实施农用地分类保护和治理，到 2025 年，受污染耕地安全利用率达到 93%。

（4）全域“无废城市”建设

开展“无废城市”建设示范，到 2025 年，所有设区市及 60%以上县（市、区）完成“无废城市”建设。建立工业固体废物、医疗废物、建筑垃圾、废弃家电、电子废物、农业废弃物、农药废弃包装物、病死畜禽等分类收集网络。建设“垃圾分类+资源回收”两网环卫设施。开展危险废物、一般工业固体废物、生活垃圾、建筑垃圾、农业废弃物等固体废物处置和综合利用设施建设，实现处置能力与固废产生量相匹配。

（5）蓝色港湾建设

开展杭州湾、象山港、三门湾、乐清湾、苍南诸湾等港湾生态保护和修复。开展舟山群岛北部、舟山群岛中部、舟山群岛南部、象山东部、台州列岛、玉环东部、洞头列岛、北麂列岛、南麂列岛、七星岛等重要岛群生态保护修复和生物资源保护。开展海堤生态化建设。开展船舶港口码头、海水养殖等污染治理。

11.3.2.5 全系统生态保护修复工程

（1）山水林田湖草生态系统保护与修复

以重点生态功能县、黄山—怀玉山和武夷山生物多样性保护优先区浙江片区为重点，实施山水林田湖草生态保护修护示范工程，开展矿山环境治理恢复、土地整治与土壤污染修复、生物多样性保护、流域水环境保护治理、区域生态系统综合治理修复。实施新安江国家级水土流失预防区水土流失综合治理。开展全域绿色矿山建设。开展全域土地综合整治与生态修复，对田水林路村进行全要素综合治理。在水源涵养区、饮用水水源地推进饮用水水源保护区生态缓冲拦截区建设。在平原河网等水生态健康退化水域实施治理修复。

（2）生物多样性保护

开展全省域生物多样性本底调查，编制全省重要生物物种名录。抢救性保护重点珍稀濒危野生动植物，开展珍稀濒危物种资源保育、种群恢复与野化和重点珍稀濒危物种栖息地保护。建设全省生物多样性标本馆和基因库。

11.3.2.6 全系列美丽幸福家园建设工程

（1）美丽城市建设

全面建设省域、市域、城区 3 个“1 小时交通圈”，到 2035 年，综合交通线网规模达到 16.8 万 km。加快配套充电设施建设，2025 年前，新建 100 万个新能源汽车充电桩。建设“智慧城市”，各设区市全面建成“城市大脑”。建设海绵城市，到 2025 年，全省每年新建成海绵城市 180 km^2 以上。开展城市有机更新，按照绿色智能标准改造提升老旧小区。

（2）美丽城镇建设

深入开展小城镇环境综合整治，重点补齐小城镇环境基础设施短板，统筹各类市政管线敷设，到 2025 年，实现雨污分流收集处理网络、垃圾分类收集处置网络乡镇全覆盖；推行交通方式“零换乘”接驳，优化路网结构，建设步行和骑行交通系统；全面实施“百镇样板、千镇美丽”行动，建设 300 个以上的“五美城镇”样板，2035 年全省所有小城镇全面建成美丽城镇。

（3）美丽乡村建设

实施厕所、垃圾、污水“三大革命”，开展农村环境整治行动，延伸城乡生态环境公共基础设施服务。全域建设“四好农村路”，将公共交通建设向乡村延伸，到 2035 年实现“四好”农村路百人以上自然村全覆盖。打造“千村精品、万村景区”，开展美丽乡村示范县、示范乡镇、风景线、精品村和美丽庭院“五美联创”，到 2025 年，全省 2/3 以上的村达到美丽乡村精品村标准。

（4）未来社区建设

围绕邻里、教育、健康、创业、建筑、交通、低碳、服务和治理九大场景，推广应用装配式建筑、社区信息模型（CIM）技术等，系统建设未来社区，到 2025 年，全省建成 500 个以上未来社区。

11.3.2.7　全社会生态文化弘扬工程

（1）浙味传统生态文化挖掘

挖掘省内各地名胜古迹、古代建筑、考古遗址、诗词歌赋、民风民俗等蕴藏生态文化资源，建立生态文化资源库。深化传统村落民居保护，实施国保省保集中成片传统村落保护项目。建设省级文化传承载体，到 2025 年，建成 10 个以上省级文化传承生态保护区。

（2）“绿水青山就是金山银山”文化弘扬

培育“绿水青山就是金山银山”生态文化传播载体，创作“绿水青山就是金山银山”文化文艺精品。建设“绿水青山就是金山银山”国际学院，开展区域多元文化交流，提升“绿水青山就是金山银山”文化的国际影响力。以博物馆、美术馆、图书馆、文化馆、非遗馆以及乡镇综合文化站、农村文化礼堂、游客中心等为依托，建设“绿水青山就是金山银山”文化主题宣教阵地体系。

（3）绿色低碳生活方式普及

实施节约型机关、绿色家庭、绿色学校、绿色医院、绿色社区、绿色出行、绿色商场、绿色建筑等绿色生活创建行动。设立“绿色生活基金”，推广“生态绿币兑换”机制，建立生态绿币兑换小屋，实施公民生态“绿码”。开展生态文明示范创建，到 2025 年，80%以上的市、县（市、区）建成省级以上生态文明建设示范市县，新建 120 家省级生态文明教育基地。

11.3.2.8　全方位生态环境治理能力提升工程

（1）生态环境监管能力

优化水、气、土、海洋及生态监测等站点布设，实现乡镇（街道）环境空气自动监测站全覆盖、县控以上水质断面自动监测全覆盖、重点污染源自动监测全覆盖。建设全省一体化的生态环境政务信息资源共享与统一监管平台，按标准配备执法装备。建设全省生态环境大数据系统，提升生态破坏和环境污染问题的智能化发现能力。

（2）生态环境风险应急预警能力

开展杭州和绍兴印染化工行业、宁波化工和临港产业、台州医化行业、丽水合成革行业等重点行业企业环境风险防控和预警试点示范，建立健全危化品运输安全监管和船舶溢油风险防范体系。常态化开展突发环境事件应急演练，在杭州、绍兴等地建设环境应急实训基地，提升日常突发应急事件处置能力。

（3）生态环境科技创新能力

围绕传统产业绿色转型、生态环境高标准治理等美丽浙江建设的重大科技问题，设立省级重点研发计划，建设 5～10 个生态环保技术创新和成果转化示范基地。优化提升现有国家和省级重点实验室（工程技术中心）等技术研发平台，全面参与长三角地区生态环境联合研究中心建设，提升浙江分中心研究能力。

第 12 章　浙江可持续发展国际对标研究[①]

为了从国际视角更加客观地评价浙江生态文明建设的成效和水平，本章根据国际上通用的评判体系和标准对浙江的可持续发展状况和已经达到的国际水平作出定性判断。识别浙江目前可持续发展的领先指标和发展短板，为新时代高质量建设美丽浙江提供目标导向。

12.1　可持续发展指数（SDGs）背景

（1）SDGs 评估体系和中国排名情况

2015 年 9 月，联合国正式通过《2030 年可持续发展议程》，形成了一整套旨在实现无贫穷、保护地球、确保所有人共享繁荣的全球性可持续发展目标指标（SDGs），共 17 项明确的目标和供各国参考选用的 200 多项指标，以世界银行等数据库为基础，计算了全球 100 多个国家的 SDGs 指数并发布了全球排名[②]（表 12-1～表 12-3）。其中，2017 年发布的 157 个国家排名是：瑞典居第 1 位，德国和日本排名第 6 位和第 11 位，韩国排名第 31 位，美国排名第 42 位，中国排名第 71 位；在金砖五国中，中国居中，巴西排名第 56 位，俄罗斯排名第 62 位，南非排名第 108 位，印度排名第 116 位。中国在 2018 年、2019 年、2020 年的排名分别为第 54 位、第 39 位和第 48 位。

---

① 本章执笔人：李娜、杜艳春、葛察忠、郝春旭、李红祥。

② 数据来源：联合国 2030 年可持续发展议程. 2016—2020. United Nations Sustainable Development Solutions Network（UNSDSN），SDG Index And Dashboards Report 2016-2020[EB/OL]. http：//www.pica-publishing.com.

表 12-1 2017 年 SDGs 总分值排名在中国之前的国家（摘录）

序号	国家	分值	序号	国家	分值
1	瑞典	85.6	26	澳大利亚	75.9
2	丹麦	84.2	27	波兰	75.8
3	芬兰	84.0	28	葡萄牙	75.6
4	挪威	83.9	29	古巴	75.5
5	捷克共和国	81.9	30	意大利	75.5
6	德国	81.7	31	韩国	75.5
7	奥地利	81.4	32～41	（略）	
8	瑞士	81.2	42	美国	72.4
9	斯洛文尼亚	80.5	43～53	（略）	
10	法国	80.3	54	马来西亚	69.7
11	日本	80.2	55	泰国	69.5
12	比利时	80.0	56	巴西	69.5
13	荷兰	79.9	57	墨西哥	69.1
14	冰岛	79.3	58～60	（略）	
15	爱沙尼亚	78.6	61	新加坡	69.0
16	英国	78.3	62	俄罗斯联邦	68.9
17	加拿大	78.0	63	阿尔巴尼亚	68.9
18	匈牙利	78.0	64	阿尔及利亚	68.8
19	爱尔兰	77.9	65	突尼斯	68.7
20	新西兰	77.6	66	格鲁吉亚	68.6
21	白俄罗斯	77.1	67	土耳其	68.5
22	马耳他	77.0	68	越南	67.9
23	斯洛伐克共和国	76.9	69	黑山共和国	67.3
24	克罗地亚	76.9	70	多米尼加共和国	67.2
25	西班牙	76.8	71	中国	67.1

表 12-2　2018 年 SDGs 总分值排名在中国之前的国家

序号	国家	分值	序号	国家	分值
1	瑞典	85.0	28	摩尔多瓦	74.5
2	丹麦	84.6	29	意大利	74.2
3	芬兰	83.0	30	马耳他	74.2
4	德国	82.3	31	葡萄牙	74.0
5	法国	81.2	32	波兰	73.7
6	挪威	81.2	33	哥斯达黎加	73.2
7	瑞士	80.1	34	保加利亚	73.1
8	斯洛文尼亚	80.0	35	美国	73.0
9	奥地利	80.0	36	立陶宛	72.9
10	冰岛	79.7	37	澳大利亚	72.9
11	荷兰	79.5	38	智利	72.8
12	比利时	79.0	39	乌克兰	72.3
13	捷克	78.7	40	塞尔维亚	72.1
14	英国	78.7	41	以色列	71.8
15	日本	78.5	42	古巴	71.3
16	爱沙尼亚	78.3	43	新加坡	71.3
17	新西兰	77.9	44	罗马尼亚	71.2
18	爱尔兰	77.5	45	阿塞拜疆	70.8
19	韩国	77.4	46	厄瓜多尔	70.8
20	加拿大	76.8	47	格鲁吉亚	70.7
21	克罗地亚	76.5	48	希腊	70.6
22	卢森堡	76.1	49	乌拉圭	70.4
23	白俄罗斯	76.0	50	塞浦路斯	70.4
24	斯洛伐克共和国	75.6	51	吉尔吉斯斯坦	70.3
25	西班牙	75.4	52	乌兹别克斯坦	70.3
26	匈牙利	75.0	53	阿根廷	70.3
27	拉脱维亚	74.7	54	中国	70.1

表 12-3　2019 年 SDGs 总分值排名前 50 位的国家

序号	国家	分值	序号	国家	分值
1	丹麦	85.2	26	葡萄牙	76.4
2	瑞典	85.0	27	斯洛伐克共和国	76.2
3	芬兰	82.8	28	马耳他	76.1
4	法国	81.5	29	波兰	75.9
5	奥地利	81.1	30	意大利	75.8
6	德国	81.1	31	智利	75.6
7	捷克	80.7	32	立陶宛	75.1
8	挪威	80.7	33	哥斯达黎加	75.0
9	荷兰	80.4	34	卢森堡	74.8
10	爱沙尼亚	80.2	35	美国	74.5
11	新西兰	79.5	36	保加利亚	74.5
12	斯洛文尼亚	79.4	37	摩尔多瓦	74.4
13	英国	79.4	38	澳大利亚	73.9
14	冰岛	79.2	39	中国	73.2
15	日本	78.9	40	泰国	73.0
16	比利时	78.9	41	乌克兰	72.8
17	瑞士	78.8	42	罗马尼亚	72.7
18	韩国	78.3	43	乌拉圭	72.6
19	爱尔兰	78.2	44	塞尔维亚	72.5
20	加拿大	77.9	45	阿根廷	72.4
21	西班牙	77.8	46	厄瓜多尔	72.3
22	克罗地亚	77.8	47	马尔代夫	72.1
23	白俄罗斯	77.4	48	吉尔吉斯斯坦	71.6
24	拉脱维亚	77.1	49	以色列	71.5
25	匈牙利	76.9	50	希腊	71.4

（2）SDGs 评估体系指标的选取。

①指标的普适性，目前评价范围覆盖联合国成员国的 80%以上，2020 年有 166 个国家参与全球共同排名；②指标的灵活性，各国可以选用联合国推荐指标，也可以选用本国的特征指标；③指标可量化，要保证每项目标至少有一项指标可量化，数据来源公认可靠；④评价指标的动态性，指标数据要动态反应各国的行动和效果，每年进行指标的调整和动态更新。

（3）SDGs 评估体系指数计算步骤

每个国家最终指数是相对值，分值反映的是该国与目标值或者最优国之间的差距。计算过程大致如下：①首先确定单项指标的最优值和最差值，然后用插值法确定每一个国家的指标评分值。其中，最差值是基于评估年份所有参与评分的国家中该指标的数值进行从低到高进行排名，剔除“最差”中 2.5%的观测值后得到。最优值的确定主要分为两类：对于有明确量化目标的指标，直接采用该值；对于没有明确量化目标的指标，将评估年度表现最好的 5 个国家的平均值作为最优值。②通过两次求取平均值得出 SDGs 指数得分，第一次是将每项目标下的所有指标得分求平均值，得出该目标的得分，第二次是将 17 项 SDGs 目标的得分加总求平均值得出该国的 SDGs 综合得分。③依据每项指标或目标评分情况进行排名，采用红、橙、黄、绿 4 种颜色直观表示实现目标的难易程度，称为“指数板”。SDGs 17 个可持续发展目标见图 12-1。

图 12-1　SDGs 17 个可持续发展目标

12.2 浙江可持续发展指数（SDGs）国际对标结果

2018 年，生态环境部环境规划院（CAEP）和世界自然基金会中国办公室（WWF China）合作，结合中国实际情况，筛选出 123 项指标构建了中国本土化可持续发展指标体系，本节将该成果应用于省级层面，试图以国际上通用的评判体系对浙江的可持续发展状况和国际水平作出定性判断。在 123 项本土化后的 SDG 指标中，目前浙江可查到的为 74 项，对补充其他数据库的中国平均值数据进行测算，2018 年浙江的总体评分达到 76.8（表 12-4），进入世界前 30 名的行列，相当于排名第 24 位。

表 12-4 浙江 SDGs 指数板和目标评分

目标描述		2018 年浙江省	
		中观 73.6	乐观 76.8
SDG1	无贫穷	92	99.5
SDG2	零饥饿	86	86
SDG3	良好健康与福祉	87	87
SDG4	优质教育	65	74.1
SDG5	性别平等	49	74.8
SDG6	清洁饮水和卫生设施	88	88.2
SDG7	经济适用的清洁能源	67	67.7
SDG8	体面工作和经济增长	67	71.9
SDG9	产业、创新和基础设施	100	100
SDG10	减少不平等	53	59
SDG11	可持续的城市和社区	100	100
SDG12	负责任消费和生产	74.8	74.8
SDG13	气候行动	58.7	58.7
SDG14	水下生物	31.1	31.1
SDG15	陆地生物	67	67
SDG16	和平、正义与强大机构	100	100
SDG17	促进目标实现的伙伴关系	66	66

通过 SDGs 的初步对标，浙江在“无贫穷”“零饥饿”“良好健康与福祉”“清洁饮水和卫生设施”“产业、创新和基础设施”“可持续的城市和社区”“和平、正义与强大机构”的目标完成度较好，“气候行动”和“水下生物”即海洋保护是浙江、也是全国的短板，主要指标为：自然灾害直接经济损失、夏季呈富营养化状态海域面积、近岸海域水质优良（一类、二类）比例等，这也是新时代高质量建设美丽浙江的努力方向（图 12-2）。

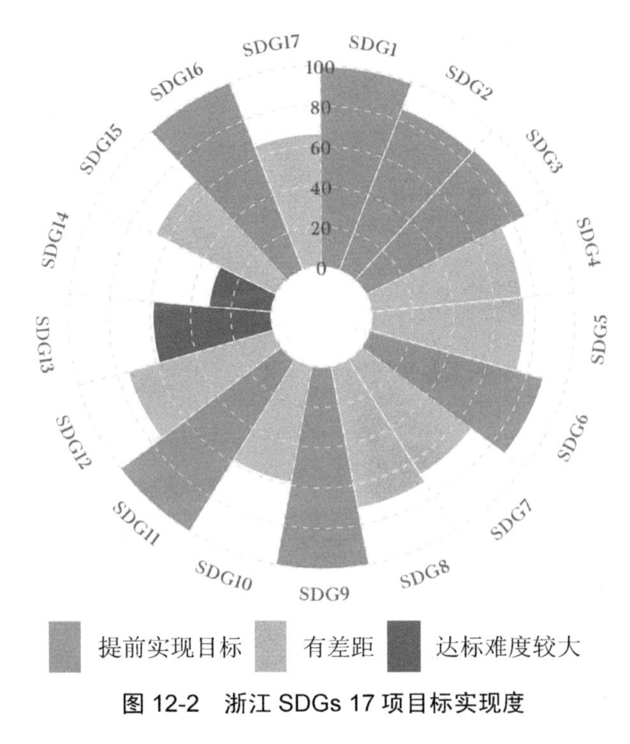

图 12-2　浙江 SDGs 17 项目标实现度

12.3　浙江生态环境特征指标国际对标

能源使用总量和使用效率与空气质量具有较大关联，均为反映一个国家（或地区）发达程度和技术水平的代表性指标。本节围绕经济发展水平、污染物排放强度、能源使用效率和空气质量 4 个方面，选取人均 GDP、人均能源消耗量、SO_2 排放强度、$PM_{2.5}$ 浓度等典型指标，将浙江与美、德、日、韩、澳等国家进行比较，发现：浙江人均能耗优于发达国家，单位产值的能耗高于德国、日本等发达国家 30%～50%，与美国、韩国等差距不大，未来随着科技进步能效还有提升空间；在环境质量上，发达国家空气颗粒物历史本底值和现状值均远优于浙江，但浙江的环境改善速度其他国家难以比肩，环境绩效水平较高。

12.3.1 经济发展水平

2018 年浙江人均 GDP 相当于部分发达国家和地区 1982—1990 年水平，与这些国家和地区的现状还有 2～4 倍的差距。2018 年浙江人均 GDP 为 14 899.7 美元，相当于美国 1982 年（14 439 美元）的经济水平，相当于德国 1987 年（16 614.4 美元）的经济水平，相当于欧盟 1990 年（15 842.9 美元）的经济水平，相当于韩国 2003 年（14 209.4 美元）的经济水平，相当于日本 1986 年（17 111.8 美元）的经济水平，相当于澳大利亚 1988 年（14 362.5 美元）的经济水平（表 12-5）。如果浙江继续以 5.5%的速度发展，那么到 2025 年和 2035 年将分别达到人均 2 万美元和 3.3 万美元，分别与美国 1987 年、1998 年和德国的 1990 年、2004 年水平相近，说明经济发展仍是浙江的主攻方向，但是需要绿色清洁发展。

表 12-5 浙江人均 GDP 与发达国家和地区的差距比较

序号	指标值	浙江	美国	德国	欧盟	韩国	日本	澳大利亚
1	年人均 GDP/美元	14 899.7	14 439	16 614.4	15 842.9	14 209.4	17 111.8	14 362.5
	对应年份	2018	1982	1987	1990	2003	1986	1988
	差距	—	36 年	31 年	28 年	13 年	32 年	30 年
2	年人均 GDP 达到 2 万美元年份	2025	1987	1990	2002	2006	1987	1995
	差距	—	38 年	35 年	23 年	19 年	38 年	30 年

12.3.2 污染排放强度

浙江单位产值的 SO_2 排放强度仅为一些发达国家在 20 世纪 80 年代（人均 GDP 近似）排放强度的 11%～83%，环境绩效优于这些国家。浙江 2018 年单位工业产值 GDP 产生的 SO_2 排放量低于美国等国家人均 GDP 为 1.4 万美元同期水平，说明 SO_2 的处理率远远高于这些国家。2018 年浙江 SO_2 污染物排放强度为 0.16 kg/千美元，是美国 1981 年水平、德国 1986 年水平（2.3 kg/千美元）的 6.9%，是韩国 2003 年水平（0.4 kg/千美元）的 40%，是日本 1985 年水平（0.3 kg/千美元）的 53.3%（表 12-6）。考虑到中国经济发展趋势和生态环境保护形势，减排仍将是生态环境保护重点之一，浙江也应持续努力，预计排放强度仍可以保持一定优势。

表 12-6　浙江 2018 年与发达国家历史同期环境指标比较（年人均 GDP 相同时期）

指标	浙江	美国	德国	韩国	日本
年人均 GDP/美元	14 899.7	14 439	16 614.4	14 209.4	17 111.8
对应年份	2018	1981	1986	2003	1985
SO_2 污染物排放强度/（kg/千美元）	0.16	2.3	2.3	0.4	0.3
发达国家 SO_2 污染物排放强度是浙江的倍数	—	14	14	2.5	1.9

数据来源：浙江省提供、OECD 数据库、世界银行数据库。

12.3.3　能源使用效率

浙江人均能源消耗量较低，仅为一些发达国家和地区的 36%～92%，但是单位产值能耗为德国和日本的 2 倍，未来还可以通过加大清洁能源比例和提高化石能源使用效率提升单位产值能耗。2018 年浙江人均能源消耗量为 2 760.5 kg 油当量，是美国 1981 年水平（7 647.5 kg 油当量）的 36%，是德国 1986 年水平（4 589.2 kg 油当量）的 60.2%，是欧盟 1989 年水平（3 510.7 kg 油当量）的 78.6%，是韩国 2003 年水平（4 233.5 kg 油当量）的 65.2%，是日本 1985 年水平（3 005.2 kg 油当量）的 91.8%（表 12-7）。上述分析结果表明，同等经济发展水平下，浙江低碳和绿色发展水平较高，实现了较低的人均能耗和温室气体排放，这是浙江的发展优势，未来应该坚持走这条道路，推动经济社会发展全面绿色转型。

表 12-7　2018 年浙江与发达国家和地区能源使用效率指标比较（年人均 GDP 相同时期）

序号	指标	浙江	美国	德国	欧盟	韩国	日本	澳大利亚
1	年人均 GDP/美元	14 899.7	14 439	16 614.4	15 842.9	14 209.4	17 111.8	14 362.5
	对应年份	2018	1981	1986	1989	2003	1985	—
2	人均能源消耗量/kg 油当量	2 760.5	7 647.5	4 589.2	3 510.7	4 233.5	3 005.2	4 702.8
	差距比较	—	2.7 倍	1.7 倍	1.3 倍	1.5 倍	1.1 倍	1.7 倍
3	千美元 GDP 能源使用量/kg 油当量（2011 年购买力平价不变）	190	128.2	86.9	86.8	158.4	90.5	—
	发达国家和地区千美元 GDP 能源使用量/浙江千美元 GDP 能源使用量	—	2/3	1/2	1/2	5/6	1/2	—
4	人均 CO_2 排放量/t	6.5（中国）	15.5	8.8	—	11.6	8.9	15.2
	发达国家人均 CO_2 排放量/浙江省人均 CO_2 排放量	—	2.5 倍	1.4 倍	1.2 倍	2.0 倍	1.2 倍	2.4 倍

注：浙江 2019 年万元 GDP 能耗 0.39 t 标煤，粗略折算为 137 kg 油当量/千美元 GDP。

数据来源：中国国家统计局网站、2017 年浙江省国民经济和社会发展统计公报、OECD 数据库、世界银行数据库、2019_sustainable_development_report。

12.3.4 空气质量

浙江空气质量改善速度是其他国家都难以比肩的，2003 年空气中 $PM_{2.5}$ 浓度是美国、德国、日本等发达国家水平的 10 倍左右，2003—2018 年 15 年内下降了 78.4%，同期美国和德国仅下降 13%和 7%，而日本、韩国、欧盟等国家和地区的 $PM_{2.5}$ 年均浓度不降反升，到 2018 年浙江 $PM_{2.5}$ 浓度仅为这些国家和地区现状值的 2 倍。将浙江与发达国家和地区人均 GDP 为 1.3 万美元左右时期的空气质量对比，发现浙江 $PM_{2.5}$ 年均浓度远高于欧盟同期水平，2018 年浙江 $PM_{2.5}$ 年均浓度为 33 μg/m^3，是欧盟 1990 年水平（20.6 μg/m^3）的 1.6 倍（表 12-8）。由此可见，通过不断的努力和采取严格措施，浙江空气质量改善成效显著，可为其他省市甚至全球其他国家提供大气环境治理经验。

表 12-8 浙江 $PM_{2.5}$ 年均浓度变化情况与发达国家和地区比较

序号	指标	浙江	美国	德国	欧盟	韩国	日本
1	1990 年 $PM_{2.5}$ 年均浓度/（μg/m^3）	—	11.4	17.5	20.6	25.9	12.7
2	2003 年 $PM_{2.5}$ 年均浓度/（μg/m^3）	137	10.4	14	14	25.9	13.2
3	2018 年 $PM_{2.5}$ 年均浓度/（μg/m^3）	33	7.4	12	14.4	25	11.7
4	2018 年比 1990 年下降比例/%	—	35.1	31.4	30.1	3.47	11.4
5	2018 年比 2003 年下降比例/%	76	29	14	−3	3.47	11
6	浙江 2018 年 $PM_{2.5}$ 年均浓度/发达国家 2018 年 $PM_{2.5}$ 年均浓度	—	4.4 倍	2.7 倍	2.3 倍	1.3 倍	2.8 倍
7	历史趋势	—	历史最高纪录是 1990 年为 11 μg/m^3	历史最高纪录是 1990 年为 17 μg/m^3	历史最高纪录是 1990 年为 20 μg/m^3	历史最高纪录是 2016 年为 28 μg/m^3	历史最高纪录是 2016 年为 13 μg/m^3

数据来源：2019_sustainable_development_report。

尽管取得了很大成就，但是浙江空气质量离世界卫生组织第二阶段标准（年均 25 μg/m^3）还有一定差距，离国家空气质量一级标准（年均 15 μg/m^3）更远，因此仍需不断努力。基于经济学“边际效益递减”理论，空气质量越好，改善的难度也会越大。但是借鉴发达国家持续改善的经验，浙江未来仍然可以让天更蓝。美国、日本等发达国家和地区在 $PM_{2.5}$ 年均浓度低于 30 μg/m^3 后，仍可保持年均下降 2%～4%的势头。2000—2016 年，美国 $PM_{2.5}$ 年均浓度从 13.5 μg/m^3 下降至 7.8 μg/m^3，共计下降 42%，年均下降 3.4%；2001—2010 年，日本城市站 $PM_{2.5}$ 年均浓度从 23 μg/m^3 下降至 16 μg/m^3，共计下降 30%，年均下降 3.9%；2006—2012 年，欧盟有 $PM_{2.5}$ 监测数据以来，交通和工业区等其他站点的浓度平均每年下降 0.4 μg/m^3 左右。

综上所述，浙江环境与经济协同发展路径是清晰明确的，需要进一步强化长板，补齐短板，加固底板，找准新时代高质量建设美丽浙江努力方向，坚持一张蓝图绘到底，坚持久久为功，坚持生态环境系统治理，坚持全社会共同参与生态环境治理，坚持用生态环境高水平保护推动经济高质量发展，这样就能够达到《新时代高质量建设美丽浙江规划》中提出的浙江经济发展质量、生态环境质量和人民生活品质改善的目标：2025 年达到亚洲先进国家水平，2035 年达到德国等国际先进国家水平，可持续发展水平（对标联合国可持续发展目标 SDGs 指标）达到相当于世界前 20 名的国家水平。

12.4　偏差说明

指标偏差，SDGs 17 项目标是为国家制定的，有的不适用于省级评估，如气候行动和水下生物，在这两项目标上，以中国的得分代替了浙江得分，评价结果与浙江真实情况存在一定差异。

数据偏差，一是在 123 项本土化后的 SDGs 指标中，目前浙江可测算的为 74 项，无浙江数据的指标项使用了中国的平均值替代；二是本研究大部分数据使用浙江统计年鉴的 2018 年数据，部分为浙江提供的 2019 年最新统计结果，而 2017 年全球排名的基础是 2015 年、2016 年的数据，由于数据的统计年份、统计口径不一致，评价结果存在一定的误差。

排名偏差，排名在世界前列的发达国家虽然没有浙江的发展速度快，但资源和环境的本底值好，并也在努力提升发展质量，因此虽然本部分中的分析对浙江发展的前景预期比较乐观，但未来 5～10 年浙江实际能达到的国际排名也存在一些不确定性。

参考文献

[1] 习近平. 决胜全面建成小康社会 夺取新时代中国特色社会主义伟大胜利——在中国共产党第十九次全国代表大会上的报告[R/OL].（2017-10-18）[2019-05-24]. http://www.gov.cn/ zhuanti/2017-10/27/content_5234876.htm.

[2] 联合国.变革我们的世界：2030 年可持续发展议程[R/OL].（2015-09-25）[2019-05-30]. https://www.un.org/zh/documents/treaty/files/A-RES-70-1.shtml.

[3] 中国政府.中国落实 2030 年可持续发展议程国别方案[R/OL].（2016-09-09）[2019-05-24]. http://www.gov.cn/xinwen/2016-10/13/content_5118514.htm.

[4] 万军，王倩，李新，等. 基于美丽中国的生态环境保护战略初步研究[J]. 环境保护，2018，46（22）：7-11.

[5] 王夏晖，刘桂环. 关于美丽中国先行示范区的浙江实践与战略谋划[N]. 中国环境报，2020-08-19（3）.

[6] 李昕，曹洪军. 习近平生态文明思想的核心构成及其时代特征[J]. 宏观经济研究，2019（6）：5-15.

[7] 李秀香，汪忠华. 习近平生态文明思想的三个理解维度[J]. 江西财经大学学报，2019（3）：11-18.

[8] 杨保军，陈鹏，董珂，等. 生态文明背景下的国土空间规划体系构建[J]. 城市规划学刊，2019（4）：16-23.

[9] 周烨. 城市化时空演变的多元多尺度分析及其扩张模拟预测研究——以浙江省为例[D]. 杭州：浙江大学，2019.

[10] 林谧. 海岛型城市土地利用结构和生态系统服务功能演化遥感监测和评价[D]. 杭州：浙江大学，2015.

[11] 崔莉. 浙江沿海陆地生态系统景观格局变化与生态保护研究[D]. 北京：北京林业大学，2014.

[12] 沈锋. 浙江省主体功能区划分及政策研究[D]. 杭州：浙江大学，2014.

[13] 俞洁，邵卫伟，于海燕，等. 浙江省生态功能区划研究[J]. 环境污染与防治，2006

（8）：620-623.

[14] 浙江省咨询委决策咨询研究中心. 多措并举 “危”中寻“机”——降低中美贸易摩擦对浙江省经济发展影响的几点建议[J]. 决策咨询，2018（6）.

[15] 黄勇，董波，陈文杰. “县域经济”向“都市区经济”转型的意义与构想[J].浙江经济，2013（11）.

[16] 朱李鸣. 聚焦发力数字自由贸易试验区创新突破点[J]. 浙江经济，2021（1）.

[17] 浙江省发展规划研究院课题组. “万亩千亿”新产业平台：浙江高能级未来产业发展的主阵地[J]. 浙江经济，2020（11）.

[18] 汪东，陈达祎，洪丽云. 浙江省节能环保产业发展的问题与策略研究[J]. 中国环保产业，2021（1）.

[19] 任志祥，刘海蛟，刘柏辉. 高质量推进清洁能源示范省建设[J]. 浙江经济，2019（5）.

[20] 吴帅帅，魏董华. 数字经济赋能浙江传统产业[N]. 中华工商时报，2020-11-25.

[21] 秦书生，杨硕. 习近平的绿色发展思想探析[J]. 理论学刊，2015（6）：4-11.

[22] 骆永明. 中国海岸带可持续发展中的生态环境问题与海岸科学发展[J]. 中国科学院院刊，2016，31（10）：1133-1142.

[23] 吕永龙，王一超，苑晶晶，等. 可持续生态学[J]. 生态学报，2019，39（10）：3401-3415.

[24] 王金南，蒋洪强，张惠远，等. 迈向美丽中国的生态文明建设战略框架设计[J]. 环境保护，2012（23）：14-18.

[25] 中共浙江省委. 浙江省人民政府关于高标准打好污染防治攻坚战高质量建设美丽浙江的意见[N]. 浙江日报，2019-12-11（4）.

[26] 徐健. 静脉产业助力垃圾治理攻坚战[J]. 浙江经济，2018（5）：40.

[27] 金敬林，蔡丽萍，胡益峰. 2012—2014 年舟山近岸海域海洋功能区水质达标率统计与评价[J]. 海洋开发与管理，2016，33（6）：51-54.

[28] 姚尧，王世新，周艺，等. 生态环境状况指数模型在全国生态环境质量评价中的应用[J]. 遥感信息，2012，27（3）：93-98.

[29] 厉以宁. 论“两个一百年”的奋斗目标和“中国梦”的实现[J]. 理论学习与探索，2019（6）：10-13.

[30] 李曼琳，李居城. 习近平关于实现“两个一百年”奋斗目标重要论述研究[J]. 创造，2020（2）：30-35.

[31] 浙江省环境保护厅. 浙江省生物多样性保护战略与行动计划（2011—2030 年）[R/OL].（2012-12-01）[2019-06-01]. http://cncbc.mee.gov.cn/zlxdjh/sjxd/jz/201506/P020150615500047561650.pdf.

[32] 魏铮，韩明春，顾卿. 浙江省生物多样性特征分析[J]. 生物技术世界，2014（6）：11-12，14.

[33] 李广宇，陈爽，张慧，等. 2000—2010 年长三角地区植被生物量及其空间分布特征[J]. 生态与农村环境学报，2016，32（5）：708-715.

[34] 中共浙江省委. 中共浙江省委关于建设美丽浙江创造美好生活的决定[R/OL].（2014-05-29）[2019-06-01]. https：//zjnews.zjol.com.cn/system/2014/05/ 29/020051621.shtml.

[35] 浙江省人民政府办公厅. 关于印发浙江省生态环境保护“十三五”规划的通知（浙政办发〔2016〕140 号）[R/OL].（2016-11-18）[2019-12-23]. http://www.zj.gov.cn/art/2017/1/5/art_1229019365_61557.html.

[36] 浙江省发展和改革委员会. 浙江省“十二五”节能环保产业发展规划（2015—2020）[R/OL].（2015-12-08） [2019-12-23]. https://huanbao.bjx.com.cn/news/ 20160202/706602.shtml.

[37] 浙江省人民政府办公厅. 浙江省“十三五”控制温室气体排放实施方案[R/OL].（2017-08-15）[2019-12-23]. http://www.zj.gov.cn/art/2017/8/9/art_1229019364_ 55263.html.

[38] 杭州市人民政府办公厅. 杭州市节能减排财政政策综合示范项目三年行动计划（2012—2014 年）[R/OL].（2013-02-07） [2019-12-23]. https://hznews.hangzhou.com.cn/xinzheng/swwj/content/2013-02/17/content_4607385.html.

[39] 国家质量监督检验检疫总局、国家发展和改革委员会. 节能低碳产品认证管理办法[R/OL].（2015-09-17） [2019-12-23]. http://www.cnca.gov.cn/zw/bmgz/202006/t20200618_58615.shtml.

[40] 杭州市人民政府. 杭州市“十三五”控制温室气体排放实施方案[R/OL].（2017-12-11）[2019-12-23]. http://www.hangzhou.gov.cn/art/2018/1/10/art_ 1450801_4228.html.

[41] 杭州市人民政府办公厅. 关于杭州市推进更高水平气象现代化建设工作的实施意见[R/OL].（2018-03-08） [2019-12-23]. http://www.hangzhou.gov.cn/art/2018/3/8/art_1456877_4267.html.

[42] 杭州市人民政府办公厅. 杭州市大气环境质量限期达标规划的通知[R/OL].（2019-01-14）[2019-12-23]. http://www.hangzhou.gov.cn/art/2019/1/25/art_ 1510980_17549.html.

[43] 宁波市人民政府办公厅. 宁波市温室气体清单编制工作实施方案的通知[R/OL].

（2013-10-19） [2019-12-23]. http://www.ningbo.gov.cn/art/2013/10/19/art_1229533140_971716.html.

[44] 宁波市人民政府办公厅.《宁波市低碳城市试点工作实施方案》[R/OL].（2013-04-01）[2019-12-23]. http://www.ningbo.gov.cn/art/2013/4/1/art_1229533140_ 970893.htm.

[45] 中国城市温室气体工作组. 中国城市二氧化碳排放数据集（2015）[M]. 北京：中国环境出版集团，2019.

[46] BP. Statistical review of world energy（1965-2019） [R/OL].（2020-06-19） [2020-09-24]. http://www.bp.com/statisticalreview.

[47] 刘翔. 河南省新型城镇化与美丽乡村建设耦合研究[J]. 中国农业资源与区划，2019，40（1）：74-78.

[48] 国家统计局. 中国统计年鉴-2020[J]. 北京：中国统计出版社，2021（1）：2.

[49] 浙江省统计局. 浙江统计年鉴-2020[J]. 北京：中国统计出版社，2020，4-5.

[50] 管廷莲，吴淑君. 浙江城乡基本公共服务均等化问题探讨[J]. 浙江社会科学，2010（2）：121-124，129.

[51] 浙江省统计局. 2019 年浙江省国民经济和社会发展统计公报[N]. 统计科学与实践，2020（3）：4-11.

[52] 吴邱晨. 浙江公布2019年全省“三改一拆”数据[EB/OL].（2020-01-19）[2021-01-01]. http://cs.zjol.com.cn/202001/t20200119_11592126.shtml.

[53] 新华网.浙江省 76%建制村实现生活垃圾分类处理[EB/OL]. （2019-11-28）[2021-02-07]. http://www.xinhuanet.com/local/2019-11/28/c_1125285330.htm.

[54] 中共浙江省委办公厅，浙江省人民政府办公厅.关于实施“千村示范、万村整治”工程的通知[EB/OL].（2003-06-04）[2021-02-03] http://zgb.mof.gov.cn/zhuantilanmu/xcjssd/yd/201306/t20130613_917812.html.

[55] 浙江省人民政府.浙江省人民政府关于印发浙江省生态文明示范创建行动计划的通知 [EB/OL].（ 2019-04-25 ） [2021-02-03]. http://www.kq.gov.cn/art/2019/4/25/art_1511558_37118294.html.

[56] 中共浙江省委办公厅，浙江省人民政府办公厅.关于高水平推进美丽城镇建设的意见[EB/OL].（2019-08-14）[2021-03-03]. https://zjnews.zjol.com.cn/201912/t20191221_11497930.shtml.

[57] 国家林业局. 中国生态文化发展纲要（2016—2020 年）[R/OL]. （2016-04-11）[2021-08-12]. http://www.forestry.gov.cn/sites/main/main/gov/content.jsp？TID=2248.

[58] 浙江省人民政府办公厅. 浙江省旅游业发展“十三五”规划[R/OL]. （2016-12-05）

[2021-08-12]. http://www.zj.gov.cn/art/2017/1/5/art_1229019365_61554.html.

[59] 浙江省人民政府. 浙江省传承发展浙江优秀传统文化行动计划[R/OL].（2018-05-02）[2021-08-12]. http://www.zj.gov.cn/art/2018/5/14/art_1229019364_55317.html.

[60] 浙江省人民政府办公厅. 浙江省文化产业发展“十三五”规划[R/OL].（2016-09-28）[2021-08-12]. http://www.zj.gov.cn/art/2016/10/14/art_1229019365_61546.html.

[61] 周宏春，姚震. 构建现代环境治理体系 努力建设美丽中国[J]. 环境保护，2020，48（9）：14-19.

[62] 杜雯翠，江河. 加快构建现代环境治理体系 切实提高环境治理效能[J]. 环境保护，2020（6）.

[63] 佚名. 构建现代环境治理体系 为美丽中国建设保驾护航[J]. 环境保护，2020（9）.

[64] 钟寰平. 加快构建现代环境治理体系[N]. 中国环境报，2020-03-04.

[65] 陈向国. 亮点纷呈 力促健全制度以解决执行难题——解读中办国办《关于构建现代环境治理体系的指导意见》[J]. 节能与环保，2020（4）：10-11.

[66] 陈少强，赵世萍. 发挥财政在构建现代环境治理体系中的作用[N]. 中国财经报，2020-05-07.

[67] 张平淡. 构建现代环境治理体系中地方政府的创造性执行[J]. 治理现代化研究，2020，36（3）：94-98.

[68] 马本，秋婕. 完善决策机制落实企业责任 加快构建现代环境治理体系[J]. 环境保护，2020，48（8）：32-36.

[69] 周鑫. 构建现代环境治理体系视域下的公众参与问题[J]. 哈尔滨工业大学学报（社会科学版），2020，22（2）：138-144.

[70] 马峰. 坚持和完善生态文明制度体系[EB/OL].（2019-12-23）[2021-08-12]. https://zjnews.zjol.com.cn/zjnews/201912/t20191223_11502030.shtml.

[71] 穆虹. 坚持和完善生态文明制度体系[EB/OL].（2020-01-02）[2021-08-12]. https://baijiahao.baidu.com/s？id=1654581699357099325&wfr=spider&for=pc.

[72] 浙江省人民政府办公厅. 浙江省重大建设项目“十三五”规划[R/OL].（2016-08-26）[2021-08-12]. http://www.zj.gov.cn/art/2016/8/26/art_1229019365_61529.html.

[73] 文化部. 文化部“十三五”时期文化科技创新规划[R/OL].（2017-05-03）[2021-08-12]. https://mct.gov.cn/whzx/bnsj/whkjs/201705/t2017050303_750902.htm.

[74] 浙江省人民政府办公厅. 浙江省科技创新“十三五”规划[R/OL].（2016-07-25）[2021-08-12]. http://www.zj.gov.cn/art/2016/8/11/art_1229019365_61526.html.

[75] 浙江省科学技术厅. 浙江省科技服务业“十三五”发展规划[R/OL].（2017-03-17）[2021-08-12]. http://kjt.zj.gov.cn/art/2017/3/17/art_1229247517_1995271.html.

[76] Wang L Q，Xue X L，Zhao Z B，et al. The impacts of transportation infrastructureon sustainable development：emerging trends and challenges[J]. International Journal of Environmental Research and Public Health，2018，15（6）：1172.

[77] 安维复. 工程决策：一个值得关注的哲学问题[J]. 自然辩证法研究，2007（8）：51-55.

[78] 曾赛星，林翰，马汉阳. 重大基础设施工程社会责任[M]. 北京：科学出版社，2018.

[79] 陈伟. 重大工程项目决策机制研究[D]. 武汉：武汉理工大学，2005.

[80] 丁士昭. 工程项目管理[M]. 北京：高等教育出版社，2017.

[81] 何军，逯元堂，徐顺青. 国家重大污染治理工程实施机制研究[J]. 环境工程，2017，35（12）：180-183，188.

[82] 乐云，胡毅，李永奎，等. 重大工程组织模式与组织行为[M]. 北京：科学出版社，2018.

[83] 雷丽彩，高尚，曾恩钰. 考虑有限理性行为的大型工程复杂大群体动态决策仿真[J]. 系统工程，2018，36（8）：123-131.

[84] 李世东. 世界重点林业生态工程建设进展及其启示[J]. 绿色中国，2001（12）：46-50.

[85] 李永奎，乐云，张艳，等. “政府-市场”二元作用下的我国重大工程组织模式：基于实践的理论构建[J]. 系统管理学报，2018，27（1）：147-156.

[86] 卢广彦，付超，季星. 国家重大工程决策机制的构建[J]. 科技进步与对策，2010，27（6）：81-85.

[87] 孙波. 国家重大项目监管模式研究[D]. 南京：河海大学，2003.

[88] 王金南，蒋洪强，程曦，等. 关于建立重大工程项目绿色管理制度的思考[J]. 中国环境管理，2021，13（1）：5-12.

[89] 王金南，逯元堂，程亮，等. 国家重大环保工程项目管理的研究进展[J]. 环境工程学报，2016，10（12）：6801-6808.

[90] 杨建科，王宏波，屈旻. 从工程社会学的视角看工程决策的双重逻辑[J]. 自然辩证法研究，2009，25（1）：76-80.

[91] United Nations Sustainable Development Solutions Network（UNSDSN）. SDG Index And Dashboards Report 2016[EB/OL].（2016-07-20）[2021-08-12]. http://www.sdgindex.org/ reports/sdg- index-and-dashboards-2016/.

[92] United Nations Sustainable Development Solutions Network（UNSDSN）. SDG Index And Dashboards Report 2017[EB/OL].（2017-07-06）[2021-08-12]. https://www.

sdgindex.org/reports/sdg-index-and-dashboards-2017/.

[93] United Nations Sustainable Development Solutions Network（UNSDSN），SDG Index And Dashboards Report 2018[EB/OL].（2018-07-09）[2021-08-12]. https://www.sdgindex.org/reports/sdg-index-and-dashboards-2018/.

[94] United Nations Sustainable Development Solutions Network（UNSDSN），SDG Index And Dashboards Report 2019[EB/OL].（2019-05-22）[2021-08-12]. https://www.sdgindex.org/reports/sustainable-development-report-2019/.

[95] United Nations Sustainable Development Solutions Network（UNSDSN），SDG Index And Dashboards Report 2020[EB/OL].（2020-07-30）[2021-08-12]. https://www.sdgindex.org/reports/sustainable-development-report-2020/.

[96] 中华人民共和国外交部.中国落实 2030 年可持续发展议程进展报告（2019）[EB/OL].（2019-09-24）[2021-08-12]. http://infogate.fmprc.gov.cn/web/ziliao_674904/zt_674979/dnzt_674981/qtzt/2030kcxfzyc_686343/P020190924779471821881.pdf.

[97] 世界自然基金会，生态环境部环境规划院. 中国 SDG 指标构建及进展评估 2018 [R]. 2018.

[98] 中华人民共和国外交部. 中国落实 2030 年可持续发展议程进展报告（2017）[EB/OL].（2017-08-24）[2021-08-12]. http://www.fmprc.gov.cn/web/ziliao_674904/zt_674979/dnzt_674981/qtzt/2 030kcxfzyc_686343/.2017-08-24.

[99] 浙江调查总队. 浙江省统计年鉴[M]. 北京：中国统计出版社，2019.

[100] 经济合作发展组织（OECD）.OECD 数据库[EB/OL]. https://stats.oecd.org/.

[101] 世界银行. 世界银行数据库[EB/OL]. https://data.worldbank.org.cn/.